21世纪高等学校系列教材 | 计算机应用

大学计算机基础

郭玉堂 谢 飞 主 编
施培蓓 杨雪洁 曹风云 副主编

清华大学出版社
北 京

内 容 简 介

本书是以培养计算机应用能力为目标的大学计算机课程的教材。全书共五大部分,包含计算机概论,
Office 2010办公自动化软件,多媒体技术及其应用,计算机网络基础与Internet应用,以及拓展程序设计
基础。

本书适合作为普通高等院校非计算机专业"大学计算机基础"课程的教材,也可作为计算机基础知识
和基本操作应用技能培训教材,以及自学教材。

图书在版编目(CIP)数据

大学计算机基础/郭玉堂,谢飞主编.—北京:清华大学出版社,2021.8(2023.8重印)
21世纪高等学校系列教材.计算机应用
ISBN 978-7-302-53251-4

Ⅰ.①大…　Ⅱ.①郭…　②谢…　Ⅲ.①电子计算机-高等学校-教材　Ⅳ.①TP3

中国版本图书馆CIP数据核字(2019)第134524号

责任编辑:陈景辉　黄　芝
封面设计:傅瑞学
责任校对:徐俊伟
责任印制:杨　艳

出版发行:清华大学出版社
　　　　网　　　址:http://www.tup.com.cn,http://www.wqbook.com
　　　　地　　　址:北京清华大学学研大厦A座　　　　　　　邮　　编:100084
　　　　社　总　机:010-83470000　　　　　　　　　　　　　邮　　购:010-62786544
　　　　投稿与读者服务:010-62776969,c-service@tup.tsinghua.edu.cn
　　　　质量反馈:010-62772015,zhiliang@tup.tsinghua.edu.cn
　　　　课件下载:http://www.tup.com.cn,010-83470236
印　装　者:三河市铭诚印务有限公司
经　　销:全国新华书店
开　　本:185mm×260mm　　印　张:11.5　　　　　　字　　数:277千字
版　　次:2021年9月第1版　　　　　　　　　　　　　印　　次:2023年8月第5次印刷
印　　数:8001～10000
定　　价:49.90元

产品编号:084031-01

前　言

　　本教材根据教育部《关于加快建设高水平本科教育　全面提高人才培养能力的意见》以及《高等学校非计算机专业计算机基础课程教学基本要求》，结合一线教师的实际教学经验和多年组织全国计算机等级考试的经验编写而成，在加强计算基础知识与应用能力培养的同时，重视学生计算思维能力的培养。本书介绍了计算机技术发展的最新成果，选用了目前广泛流行的软件及其版本，也介绍了算法设计和程序的实现。大学计算机基础是高等院校非计算机专业的通识必修课，是学习其他计算机相关技术课程的前导和基础课程。

　　本书采用理论与实训相结合的方式编写。全书分为五大部分。第一部分为计算机概论，介绍计算机的诞生与发展、计算机中的数制与编码、计算机系统；第二部分为 Office 2010 办公自动化软件，介绍 Word、Excel 和 PowerPoint 的相关知识及实用技巧，对 Word 中利用 Zetero 工具完成论文参考文献添加进行了重点讲解；第三部分为多媒体技术及其应用，介绍多媒体技术的概念及应用、图像处理技术以及视频处理技术；第四部分为计算机网络基础与 Internet 应用，介绍信息和信息能力、计算机网络、数据通信、Internet 基础知识、Internet 应用以及移动互联前沿技术；第五部分为拓展程序设计基础，介绍算法、算法的表示方法和程序设计语言、程序设计的基本方法、Python 程序设计应用举例。每个部分均配置相关实训，以达到对相关内容进行强化训练的目的。

配套资源

　　为便于教学，本书配有教学课件、教学大纲、教学日历、教学进度表、教案、案例素材、软件安装包，读者可扫描本书封底的"书圈"二维码下载。

　　本书由郭玉堂教授和谢飞教授主编，参加编写的老师有施培蓓、杨雪洁和曹风云。

　　由于本书的知识面较广，要将众多的知识很好地贯穿起来，难度很大，加之时间仓促，书中难免存在疏漏和不足之处，恳请各位专家、教师及读者不吝赐教。

编　者

2021 年 8 月

目 录

第一部分　计算机概论

第1章　计算机的诞生与发展 ········· 3

1.1 电子计算机的诞生 ········· 3

1.2 计算机的发展 ········· 3

1.3 计算机应用技术的新发展 ········· 5

　1.3.1 大数据 ········· 5

　1.3.2 云计算 ········· 7

　1.3.3 人工智能 ········· 9

第2章　计算机中的数制与编码 ········· 11

2.1 数制的概念 ········· 11

2.2 不同数制间的转换 ········· 12

2.3 信息存储单位 ········· 14

2.4 信息编码 ········· 14

第3章　计算机系统 ········· 17

3.1 计算机硬件系统 ········· 17

3.2 微型计算机硬件系统 ········· 18

3.3 计算机软件系统 ········· 20

3.4 操作系统 ········· 20

第二部分　Office 2010办公自动化软件

第4章　文稿处理Word 2010 ········· 25

4.1 Word 2010概述 ········· 25

　4.1.1 Word 2010软件介绍 ········· 25

　4.1.2 Word 2010的操作界面 ········· 25

4.2 文档编辑与排版 ········· 26

　4.2.1 创建与编辑文档 ········· 26

　4.2.2 保护文档 ········· 27

　4.2.3 排版文档 ········· 28

　　　　4.2.4　打印文档 ·· 31

　　4.3　表格处理··· 33

　　　　4.3.1　创建及编辑表格 ··· 33

　　　　4.3.2　表格格式化 ·· 34

　　　　4.3.3　表格数据处理 ··· 36

　　4.4　Word 2010 高级操作·· 37

　　　　4.4.1　文档修订 ·· 37

　　　　4.4.2　公式编辑 ·· 38

　　　　4.4.3　绘制流程图 ·· 39

　　　　4.4.4　论文参考文献添加 Zetero ······························· 41

　　　　4.4.5　样式及创建目录 ··· 42

　　　　4.4.6　邮件合并 ·· 45

第 5 章　数据处理 Excel 2010 ··· 47

　　5.1　Excel 2010 概述··· 47

　　　　5.1.1　Excel 2010 软件介绍 ····································· 47

　　　　5.1.2　Excel 2010 的操作界面 ··································· 47

　　5.2　Excel 2010 基础··· 49

　　　　5.2.1　数据类型、数据输入和有效性 ···························· 49

　　　　5.2.2　修饰表格 ·· 52

　　　　5.2.3　保护工作簿和工作表 ····································· 59

　　5.3　公式和函数·· 60

　　　　5.3.1　Excel 2010 公式的基础 ··································· 60

　　　　5.3.2　Excel 2010 中的函数 ····································· 62

　　5.4　数据分析与处理·· 64

　　　　5.4.1　数据排序 ·· 64

　　　　5.4.2　数据筛选 ·· 65

　　　　5.4.3　分类汇总与分级显示 ····································· 67

　　5.5　数据图表的设计·· 68

　　　　5.5.1　Excel 2010 中的图表 ····································· 68

　　　　5.5.2　图表的基本操作 ··· 68

第 6 章　演示文稿 PowerPoint 2010 ··· 71

　　6.1　PowerPoint 2010 概述··· 71

　　　　6.1.1　PowerPoint 2010 软件介绍 ································ 71

　　　　6.1.2　PowerPoint 2010 的操作界面 ······························ 72

　　6.2　演示文稿的编辑·· 73

　　　　6.2.1　应用版式 ·· 73

　　　　6.2.2　编辑幻灯片 ·· 73

6.3　演示文稿的修饰 ……………………………………………………… 74
　　6.3.1　设计模板主题 …………………………………………………… 74
　　6.3.2　应用母版 ………………………………………………………… 77
6.4　演示文稿的交互设置 ………………………………………………… 80
　　6.4.1　设置动画效果 …………………………………………………… 80
　　6.4.2　设置幻灯片切换动画 …………………………………………… 83
　　6.4.3　设置动画触发器 ………………………………………………… 84
　　6.4.4　设置幻灯片超链接 ……………………………………………… 84
6.5　演示文稿的放映与共享 ……………………………………………… 86
　　6.5.1　放映演示文稿 …………………………………………………… 86
　　6.5.2　共享演示文稿 …………………………………………………… 87
　　6.5.3　打印演示文稿 …………………………………………………… 89

第三部分　多媒体技术及其应用

第7章　多媒体技术概述 …………………………………………………… 105
7.1　多媒体技术的概念和特征 …………………………………………… 105
7.2　多媒体的相关技术及应用领域 ……………………………………… 106
7.3　多媒体计算机系统 …………………………………………………… 106

第8章　图像处理技术 ……………………………………………………… 107
8.1　图像处理的基础知识 ………………………………………………… 107
8.2　初识 Photoshop CC ………………………………………………… 108

第9章　视频处理技术 ……………………………………………………… 122
9.1　数字视频的基础知识 ………………………………………………… 122
9.2　媒体播放器——暴风影音 …………………………………………… 124
9.3　图像的获取 …………………………………………………………… 126
9.4　屏幕录制与编辑——Camtasia Studio …………………………… 128
9.5　视频格式转换——格式工厂 ………………………………………… 137

第四部分　计算机网络基础与 Internet 应用

第10章　信息、信息能力和信息素养 …………………………………… 145
10.1　信息和信息能力 …………………………………………………… 145
10.2　大学生信息素养的基本概述 ……………………………………… 146

第11章　计算机网络基础及应用 ………………………………………… 147
11.1　计算机网络的概述 ………………………………………………… 147

11.2 数据通信的基础知识 ·· 148

11.3 局域网的概述 ·· 151

11.4 Internet 基础知识 ·· 153

11.5 Internet 应用 ·· 154

11.6 移动互联前沿技术 ·· 156

第五部分 拓展程序设计基础

第 12 章 算法与程序设计 ··· 163

12.1 算法 ··· 163

12.1.1 算法概述 ·· 163

12.1.2 算法的表示方法 ·· 164

12.2 程序设计语言 ·· 166

12.2.1 程序设计语言概述 ·· 166

12.2.2 程序设计的基本方法 ······································ 168

12.2.3 Python 程序设计应用举例 ·································· 169

第一部分　计算机概论

学习目标

- 了解计算机的诞生与发展以及相关新技术；
- 掌握常用数制及其转换；
- 了解计算机中常见的信息编码；
- 理解计算机中信息的存储；
- 理解计算机软、硬件系统组成。

第一部分主要介绍计算机的相关基础知识，内容包括计算机的定义、发展历程、计算机应用领域的相关新技术，常用数制及其相互转换，计算机中信息的存储、常见的信息编码、计算机软、硬件系统、操作系统的相关内容。

第 1 章 计算机的诞生与发展

随着科学技术的发展,计算机已经成为人类工作、学习、生活中不可或缺的工具。计算机的出现和发展极大地改变了人类生活的方式,给整个社会带来了翻天覆地的变化。

1.1 电子计算机的诞生

计算机是一种用于高速计算的电子计算机器,可以进行数值计算和逻辑计算,具有存储记忆功能。计算机是能够按照程序运行,并对各种信息进行存储和高速处理的电子机器。

1946 年,由美国军方定制的世界上第一台电子计算机"电子数字积分计算机"(Electronic Numerical Integrator And Calculator,ENIAC)在美国宾夕法尼亚大学问世。ENIAC 是美国奥伯丁武器试验场为了计算弹道而研制成的。这台计算机使用了 17 840 支电子管,占地面积约 170m², 重达 28t,功耗为 170kW,其运算速度为 5 000 次/秒,造价约为 487 000 美元。ENIAC 的问世具有重要意义,标志着电子计算机时代的到来。

1.2 计算机的发展

1. 电子管数字计算机

世界第一台计算机 ENIAC 以电子管作为元器件,因此又称它为电子管计算机。电子管计算机所使用的电子管体积很大,耗电量大,易发热,因而其工作时间不能太长。

在硬件方面,第一代计算机的逻辑元件采用的是真空电子管,主存储器采用的是汞延迟线、阴极射线示波管静电存储器、磁鼓、磁芯;外存储器采用的是磁带。在软件方面,第一代计算机采用的是机器语言、汇编语言。应用领域以军事和科学计算为主。其特点是体积大、功耗高、可靠性差,尽管有这些局限性,但它也为以后的计算机发展奠定了基础。

2. 晶体管数字计算机

美国贝尔实验室于 1954 年成功研制第一台使用晶体管的第二代计算机 TRADIC,装有 800 个晶体管,主要是增加了浮点运算,计算能力显著提升。由于晶体管代替电子管,电子设备体积变小。晶体管和磁芯存储器促使了第二代计算机的产生。

在硬件方面,第二代计算机的操作系统、高级语言及其编译程序应用领域均以科学计算和事务处理为主,并开始进入工业控制领域。其特点是体积小、能耗低、可靠性高、运算速度高(一般为每秒数 10 万次,可高达每秒 300 万次)。相比于第一代计算机,第二代计算机在性能方面有很大的提高。

3. 集成电路数字计算机

第三代计算机的逻辑元件采用的是集成电路,将电子元件结合到一片小小的硅片上,让更多的元件集成到单一的半导体芯片上,进而使计算机变得体积更小,功耗更低,速度更快。

在硬件方面,第三代计算机的逻辑元件采用的是中、小规模集成电路(MSI、SSI),主存储器仍采用的是磁芯。在软件方面,第三代计算机采用的是分时操作系统以及结构化、规模化程序设计方法。其特点是速度更快(一般为每秒数百万次至数千万次),可靠性得到了显著提高,价格下降,使产品走向了通用化、系列化和标准化。应用领域开始进入文字处理和图形图像处理领域。1964 年,美国 IBM 公司成功研制第一个采用集成电路的通用电子计算机系列 IBM360 系统。

4. 大规模集成电路机

大规模集成电路(LSI)可以在一个芯片上容纳几百个元件。到了 20 世纪 80 年代,超大规模集成电路(VLSI)在芯片上可容纳几十万个元件。而后来的 ULSI 将数字扩充到百万级。可以在硬币大小的芯片上容纳如此数量的元件使得计算机的体积和价格不断下降,而功能和可靠性不断增强。

在硬件方面,第四代计算机逻辑元件采用大规模集成电路(LSI)和超大规模集成电路(VLSI)。在软件方面,第四代计算机采用了数据库管理系统、网络管理系统和面向对象语言等。1971 年,世界上第一台微处理器在美国硅谷诞生,开启了微型计算机的新时代。其应用领域从科学计算、事务管理、过程控制逐步走向家庭。

随着集成技术的发展,半导体芯片的集成度的不断提高,每块芯片可容纳数万乃至数百万个晶体管,并且可以把运算器和控制器都集中在一块集成电路芯片上,从而出现了微处理器。将微处理器和大规模、超大规模集成电路组装,就制成了微型计算机,即 PC。

微型计算机具有体积小、重量轻、价格便宜、使用方便等优点,并且它的功能和运算速度已经达到甚至超过了过去的大型计算机。

5. 智能计算机

1981 年,在日本东京召开了第五代计算机研讨会,随后制订出研制第五代计算机的长期计划。智能计算机的主要特征是能像人一样思考,并且运算速度极快,其硬件系统支持高度并行和推理,其软件系统能够处理知识信息。神经网络计算机(也称为神经元计算机)是智能计算机的重要代表。但第五代计算机目前仍处于探索和研制阶段。待真正实现以后,它的前景必将是光辉诱人的。

6. 生物计算机

生物计算机也称为仿生计算机,主要原材料是生物工程技术产生的蛋白质分子,并以此作为生物芯片来替代半导体硅片,利用有机化合物来存储数据。信息以波的形式传播,当波沿着蛋白质分子链传播时,会引起蛋白质分子链中单键、双键结构顺序的变化。生物计算机具有很强的抗电磁干扰能力,并能彻底消除电路间的干扰。生物计算机消耗的能量仅相当于普通计算机的十亿分之一,但却具有巨大的存储能力。生物计算机具有生物体的一些特点,如能发挥生物本身的调节机能,自动修复芯片上发生的故障,还能模仿人脑的机制等。生物计算机比硅晶片计算机在速度、性能上有质的飞跃,被视为极具发展潜力的"第六代计算机"。

总之,计算机的发展必然要经历很多次突破,未来的计算机将是微电子技术、光学技术、人工智能技术、生物仿生技术相互结合的产物,计算机技术将会发展到一个更高的水平,将会给世界再次带来巨大的变化。

1.3 计算机应用技术的新发展

随着计算机技术的不断应用与发展,硬件方面从电子管计算机、集成电路机发展到微型计算机、巨型机,同时云计算、大数据与人工智能等新技术发展,这些新技术将推动 IT 产业进一步的发展与变革,进而推动人类社会的发展。

1.3.1 大数据

大数据给 IT 行业带来了又一次的技术变革,大数据的浪潮汹涌而至,对国家治理、企业决策和个人生活都产生深远的影响。麦肯锡全球研究所对大数据给出这样的定义:大数据是一种规模大到在获取、存储、管理、分析方面都大大超出了传统数据库软件工具能力范围的数据集合。

(1)大数据的起源

随着社交网络的逐渐成熟和移动带宽的迅速提升,云计算、物联网的功能越来越丰富,同时更多的传感设备、移动终端也接入到网络,因而产生的数据及增长速度将比历史上的任何时期都要多、都要快。例如网络数据,美国互联网数据中心指出,互联网上的数据每年将增长 50%,每两年将翻一番。目前,世界上 90% 以上的数据是最近几年才产生的。此外,全世界的工业设备、汽车、电表上有着无数的数码传感器,可随时测量和传递着有关位置、运动、振动、温度、湿度乃至空气中化学物质的变化,也产生了海量的数据信息。

(2)大数据的特点

① Volume:数据量大,包括采集、存储和计算的量都非常大。据 IDC 发布《数据时代2025》的报告显示,全球每年产生的数据将从 2018 年的 33ZB 增长到 175ZB,相当于每天产生 491EB 的数据。如果把 175ZB 全部存在 DVD 光盘中,则需要消耗大量的 DVD 光盘。

② Variety:数据的多样性,指数据种类和来源多样化。随着移动互联网的飞速发展,

非结构化的数据大量出现,没有统一的结构属性。目前网络上的数据大部分都是非结构化的数据,具体表现为网络日志、音频、视频、图片、地理位置信息等,多类型的数据对数据的处理能力提出了更高的要求。

③ Value:数据价值密度相对较低,或者说是浪里淘沙、弥足珍贵。随着互联网和物联网的普及,信息虽然达海量级别,但价值密度较低。如何合理地运用大数据,通过分析和挖掘来发现隐藏在数据中的规律,通过利用分析的结果挖掘数据价值、创造价值,是大数据时代最需要解决的问题。

④ Velocity:数据增长速度快,处理速度快,都需要极强的处理能力,以便随时响应数据的变化,对其时效性要求较高。例如个性化推荐算法通常要求实时完成推荐。这是大数据区别于传统数据挖掘的显著特征之一。

⑤ Veracity:数据的准确性和可信赖度,即数据的质量。在大数据应用中,应尽力保障数据的准确性。如果数据本身不准确,后期对数据的处理都是空谈。

(3) 大数据技术的核心部分

从某种程度上说,大数据是数据分析的前沿技术。简言之,从各种各样类型的巨量数据中,快速获得有价值信息的能力,就是大数据技术。大数据技术有五个核心部分:大数据采集、大数据预处理、大数据存储与管理技术、大数据分析与挖掘技术、大数据展现与应用技术。

① 大数据采集:实现对结构化、半结构化、非结构化的海量数据的智能化识别、定位、跟踪、接入、传输、信号转换、监控、初步处理和管理等,提供大数据服务平台所需的虚拟服务器,结构化、半结构化及非结构化数据的数据库及物联网络资源等基础支撑环境。

② 大数据预处理:完成对已接收数据的辨析、抽取、清洗等操作。采集的数据可能具有多种结构和类型,数据抽取过程可以将这些复杂的数据转化为单一的或者便于处理的构型,以达到快速分析处理的目的。大数据并不全是有价值的,有些数据并不是大家所关心的内容,而另一些数据则是完全错误的干扰项。因此,要对数据进行清洗过滤,从而提取出有效的数据。

③ 大数据存储与管理技术:用存储器把采集到的数据存储起来,建立相应的数据库,并进行管理和调用。重点解决复杂结构化、半结构化和非结构化大数据管理与处理技术。

④ 大数据分析与挖掘技术:改进已有数据挖掘和机器学习技术;开发数据网络挖掘、特异群组挖掘、图挖掘等新型数据挖掘技术;突破基于对象的数据连接、相似性连接等大数据融合技术;突破用户兴趣分析、网络行为分析、情感语义分析等面向领域的大数据挖掘技术。将隐藏于海量数据中的信息和知识挖掘出来,为人类的社会经济活动提供依据,从而提高各个领域的运行效率,大大提高整个社会经济的集约化程度。

⑤ 大数据展现与应用技术:包括大数据检索、大数据可视化、大数据应用、大数据安全等。

(4) 大数据的价值与应用

数据的价值是它可以用于预测分析、用户行为分析和高级数据方法等。大数据已应用于各个行业,例如金融、汽车、餐饮、电信、能源和娱乐等。

在制造业,利用工业大数据提升制造业水平,包括产品故障诊断与预测,分析工艺流程,改进生产工艺,优化生产过程能耗,工业供应链分析与优化,生产计划与排程。

在金融行业,大数据在高频交易、社交情绪分析和信贷风险分析三大金融创新领域中发挥重大作用。

在汽车行业,随着大数据和物联网技术在无人驾驶汽车领域的应用,相信在不远的未来,无人驾驶汽车将走入人类的日常生活。

在互联网行业,借助于大数据技术,可以分析客户行为,进行商品推荐和广告的针对性投放。

在电信行业,利用大数据技术实现客户离网分析,及时掌握客户离网倾向,以便出台客户挽留措施。美国 XO 通讯公司通过使用 IBM SPSS 预测分析软件,使客户流失率降低了近一半。美国 XO 通讯公司可以预测客户的行为,发现行为趋势,并找出存在缺陷的环节,从而帮助公司及时采取措施,保留客户。

在能源行业,随着智能电网的发展,电力公司可以掌握海量的用户用电信息,利用大数据技术分析用户用电模式,可以改进电网的运行方式,合理设计电力需求响应系统,确保电网运行安全。维斯塔斯风力系统,依靠的是 BigInsights 软件和 IBM 超级计算机,然后对气象数据进行分析,找出安装风力涡轮机和整个风电场最佳的地点。利用大数据,以往需要数周的时间来分析,现在仅需要不足 1h 便可完成。

在物流行业,利用大数据优化物流网络,提高物流效率,降低物流成本。

在城市管理领域,可以利用大数据实现智能交通、环保监测、城市规划和智能安防。

在生物医学领域,大数据可以实现流行病预测、智慧医疗、健康管理。Seton Healthcare 是采用 IBM 最新沃森技术医疗保健内容分析预测的首个客户。该技术允许企业找到大量病人相关的临床医疗信息,通过大数据处理,更好地分析病人的信息。

在安全领域,政府可以利用大数据技术构建起强大的国家安全保障体系,企业可以利用大数据抵御网络攻击,警察可以借助大数据来预防犯罪。

大数据的价值与应用,远远不止于此,大数据对各行各业的渗透,大大推动了社会生产和生活,未来必将产生重大而深远的影响。

1.3.2 云计算

云是网络、互联网的一种比喻说法,计算可以理解为计算机。云计算的基本模型是远程计算服务,用户通过网络连接到计算机上,获取计算服务。远程计算机,由于规模效应,可以提供比个人计算机强大若干个数量级的计算能力,进而可以根据用户需求提供可弹性伸缩的计算资源,大大节约成本。

云计算思想的起源是麦卡锡于 20 世纪 60 年代提出的:把计算能力作为一种像水和电一样的公用事业提供给用户。美国国家标准与技术研究院(NIST)给出了这样的定义,云计算是一种按使用量付费的模式,这种模式提供可用的、便捷的、按需的网络访问,进入可配置的计算资源共享池(资源包括网络、服务器、存储、应用软件和服务)。这些资源只需投入很少的管理工作或与服务供应商进行很少的交互,就能够被快速地提供。

云计算是通过将计算分布在大量的分布式计算机上(而非本地计算机或远程服务器中)

的方法,使企业能够将资源切换到需要的应用上,根据需求访问计算机和存储系统。好比是从单台发电机模式转向了电厂集中供电的模式。它意味着计算能力也可以作为一种商品进行流通,就像煤气、自来水一样,取用方便、费用低廉。但不同之处在于,它是通过互联网进行传输的。

1. 云计算的服务方式

(1) IaaS(Infrastructure-as-a-Service):基础设施即服务,消费者通过 Internet 可以从完善的计算机基础设施中获得服务。常见形式是硬件设备,包括计算、存储和网络等。阿里巴巴、腾讯、京东云鼎提供的就是以 IaaS 层为主的云计算服务。IaaS 层的云服务配置灵活,但使用起来更为复杂,适用于大型的、后台处理业务复杂的项目。

(2) PaaS(Platform-as-a-Service):平台即服务,是指将软件研发的平台作为一种服务,以 SaaS 的模式提交给用户。例如,软件的个性化定制开发。PaaS 层将一个完整的应用开发平台(包括应用设计、应用开发、应用测试和应用托管)作为一种服务提供给用户。用户不需要购买硬件和软件,只需要利用 PaaS 平台就能创建、测试和部署自己个性化的相关应用。PaaS 平台目标的产品包括:京东云擎(JAE)、BAE 和 SAE。

(3) SaaS(Software-as-a-Service):软件即服务,它是一种通过 Internet 提供软件的模式。它既不像 IaaS 提供计算或存储资源类型的服务,也不像 PaaS 提供用户自定义的应用程序开发平台,SaaS 只提供某些专门用途的服务器调用。常见的形式是提供 Web 端应用、软件服务,按需购买使用,著名的 CRM 服务提供商 Salesforce 就是此类代表。国内提供 SaaS 服务的平台包括阿里云、京东电商云、新浪云商店等。

2. 云计算的关键技术

(1) 系统虚拟化:是指将一台物理计算机系统虚拟化为一台或多台虚拟计算机系统。

(2) 虚拟化资源管理:是云计算中最重要的组成部分之一,主要包括对虚拟化资源的监控、分配和调度。

(3) 分布式数据存储:包含非结构化数据存储和结构化数据存储。其中,非结构化数据存储主要采用文件存储和对象存储技术,而结构化数据存储主要采用分布式数据库技术,特别是 NoSQL 数据库。

(4) 并行计算模式:并行计算模型是提高海量数据处理效率的常用方法。

(5) 用户交互技术:主要体现在浏览器网络化与浏览器云服务这两个方面。

(6) 安全管理:安全问题是用户是否选择云计算的主要顾虑之一。

(7) 运营支撑管理:为了支持规模巨大的云计算环境,需要成千上万台服务器来支撑。如何对数以万计的服务器进行稳定高效地运营管理,成为云服务被用户认可的关键因素之一。

3. 云计算的优势

云计算最大的优势在于能够更合理地利用计算资源,但这需要开发者使用云计算服务商提供的服务器,而开发者会对云计算平台有各种需求和担心。因此,云计算平台的发展离不开众多开发者的帮助。

4．云计算的应用

目前，云计算已在教育、物联、社交、安全、政务等多方面有了诸多应用。例如，云计算在信息技术的应用方面打破了传统教育的垄断局面和固有边界。通过教育走向信息化，使教育的不同参与者(教师、学生、家长、教育部门等)在云技术平台上进行教育、教学、娱乐、沟通等功能。同时，可以通过视频云计算的应用对学校特色教育课程进行直播和录播，并将信息储存至流存储服务器上，便于长时间和多渠道分享教育成果。

大数据与云计算的关系就像一枚硬币的正反面一样密不可分。大数据必然无法用单台的计算机进行处理，而必须采用分布式计算架构。它的特色在于对海量数据的挖掘，但它必须依托云计算的分布式处理、分布式数据库、云存储和虚拟化技术。

1.3.3 人工智能

在计算机出现之前人们就幻想着能有一种机器可以具有人类的思维，并且可以帮助人们解决问题，甚至具有比人类有更高的智力。随着几十年来计算速度的飞速提高，从最初的科学数学计算演变到了现代的各种计算机应用领域，诸如多媒体应用、计算机辅助设计、数据库、数据通信、自动控制等。人工智能是计算机科学的一个研究分支，是多年来计算机科学研究与发展的结晶。

人工智能(Artificial Intelligence，AI)是研究让计算机可以模拟人的某些思维过程和智能行为(如学习、推理、思考、规划等)的学科，主要包括计算机实现智能的原理，制造类似于人脑智能的计算机，使计算机能实现更高层次的应用。人工智能是一门基于计算机科学、生物学、心理学、神经科学、数学和哲学等学科的科学和技术。

1950年，被称为“计算机之父”的阿兰•图灵提出了一个举世瞩目的想法——图灵测试。按照图灵的设想：如果一台机器能够与人类开展对话而不能被辨别出机器身份，那么这台机器就具有智能。1956年，在由达特茅斯学院举办的一次会议上，计算机专家约翰•麦卡锡提出了“人工智能”一词。这被人们看作是人工智能正式诞生的标志。

从个人计算机的兴起到GPU、异构计算等硬件设施的发展，都为人工智能的兴起奠定了基础。网络的发展也带来了一系列数据能力，使人工智能能力得以提高。而且，运算能力也从传统的以CPU为主导改良到以GPU为主导，这对人工智能的发展意义重大。算法技术的更新有助于人工智能的兴起，早期的算法一般是传统的算法，如聚类算法、决策树算法、SVM算法等。2006年，Hinton在神经网络的深度学习领域取得突破。深度学习的兴起，带动了如今人工智能发展的高潮。

人工智能的研究与发展也需要与具体应用领域结合，下面简要介绍四个主要研究领域。

(1) 计算机视觉：是指计算机从图像中识别出物体、场景和活动的能力。计算机视觉技术运用由图像处理操作及其他技术所组成的序列来将图像分析任务分解为便于管理的小块任务。目前计算机视觉主要应用于人脸识别、图像识别方面。

(2) 机器学习：是指计算机通过对大量已有数据的处理、分析和学习，从而拥有预测判断和最佳决策能力。机器学习是从数据中自动发现模式，可用于预测。

(3) 自然语言处理：自然语言处理就是用人工智能来处理、理解以及运用人类语言，通过建立语言模型来预测语言表达的概率分布，从而实现目标。自然语言处理技术在生活中应用广泛,例如机器翻译、手写体和印刷体字符识别、语音识别后实现文字转换、信息检索、抽取与过滤、文本分类与聚类、舆情分析和观点挖掘等。

(4) 机器人学:将机器视觉、自动规划等认知技术整合至极小却高性能的传感器、制动器以及相关的硬件中,制作出新一代的机器人,它有能力与人类一起工作,能在各种未知环境中灵活地处理不同的任务。

第2章 计算机中的数制与编码

在计算机系统中,数字和符号等各种数据都是通过电子元件的不同状态来表示的,即用电信号电平的高低来表示。根据这一特点,计算机内部通常采用二进制来表示数据和信息。

以键盘输入的各种命令和原始数据的操作都是以字符形式来完成,然而计算机只能识别二进制数,这就需要对字符进行编码。将输入的各种字符用机器自动转换,以二进制编码形式存入计算机。

2.1 数制的概念

1. 数制的定义及基本要素

数制也称记数制,是由一组固定的符号和统一的规则来表示数值的方法。任何一个数制都包含两个基本要素:基数和位权。

基数:十进制的基数是 10,二进制的基数是 2,r 进制(任意进制)的基数是 r。

位权:以基数为底,数码所在位置的序号为指数的整数次幂,每个数码所表示的数值等于该数码乘以位权值。十进制数 3258 可表示为:$3258 = 3 \times 10^3 + 2 \times 10^2 + 5 \times 10^1 + 8 \times 10^0$,因此 $10^3, 10^2, 10^1, 10^0$ 就为位权。以此类推,二进制数的位权为(从低位到高位)为 2^0,$2^1, 2^2, 2^3, \cdots 2^n \cdots$。

2. 常用的数制

常用的数制有二进制数、八进制数、十进制数和十六进制数。

(1) 二进制数

二进制数以 0,1 表示数值,采用"逢二进一"计数原则。因此,二进制数的基数是 2。例如,二进制数 101.11 可表示为:

$$101.11 = 1 \times 2^2 + 0 \times 2^1 + 1 \times 2^0 + 1 \times 2^{-1} + 1 \times 2^{-2}$$

(2) 八进制数

八进制数以 0,1,2,3, 4, 5,6,7 表示数值,采用"逢八进一"计数原则。因此,八进制数的基数是 8。例如,八进制数 123.45 可表示为:

$$123.45 = 1 \times 8^2 + 2 \times 8^1 + 3 \times 8^0 + 4 \times 8^{-1} + 5 \times 8^{-2}$$

（3）十进制数

十进制数以 0,1,2,3，4，5,6,7,8,9 表示数值,采用"逢十进一"计数原则。因此,十进制数的基数是 10。例如,十进制数 126.4 可表示为：

$$126.4 = 1 \times 10^2 + 2 \times 10^1 + 6 \times 10^0 + 4 \times 10^{-1}$$

（4）十六进制数

十六进制数以 0,1,2,3，4，5,6,7,8,9,A,B,C,D,E,F 表示数值,采用"逢十六进一"计数原则。因此,十六进制数的基数是 16。例如,十六进制数 1234.1B 可表示为：

$$1234.1B = 1 \times 16^3 + 2 \times 16^2 + 3 \times 16^1 + 4 \times 16^0 + 1 \times 16^{-1} + 11 \times 16^{-2}$$

为了区别不同数制表示的数,通常在数的后面加一特定字母或用括号外加进制基数表示该数为何种数制。其中"B"表示二进制数,"O"表示八进制数,"D"表示十进制数（通常省略）,"H"表示十六进制数。表 2-1 为常用数制之间的关系对照表。

表 2-1　常用数制之间的关系对照表

二进制数	八进制数	十进制数	十六进制数	二进制数	八进制数	十进制数	十六进制数
0	0	0	0	1000	10	8	8
1	1	1	1	1001	11	9	9
10	2	2	2	1010	12	10	A
11	3	3	3	1011	13	11	B
100	4	4	4	1100	14	12	C
101	5	5	5	1101	15	13	D
110	6	6	6	1110	16	14	E
111	7	7	7	1111	17	15	F

2.2　不同数制间的转换

1. 将二进制数、八进制数、十六进制数转换为十进制数

转换方法：把各非十进制数按位权展开求和。

【例 2-1】　将二进制数 110.1 转换成十进制数。

$$(110.1)_2 = 1 \times 2^2 + 1 \times 2^1 + 0 \times 2^0 + 1 \times 2^{-1}$$
$$= 4 + 2 + 0.5$$
$$= (6.5)_{10}$$

【例 2-2】　将八进制数 123.65 转换成十进制数。

$$(123.65)_8 = 1 \times 8^2 + 2 \times 8^1 + 3 \times 8^0 + 6 \times 8^{-1} + 5 \times 8^{-2}$$
$$= 1 \times 64 + 2 \times 8 + 3 \times 1 + 6 \times 0.125 + 5 \times 0.0625$$
$$= 64 + 16 + 3 + 0.75 + 0.3125$$
$$= (84.0625)_{10}$$

【例 2-3】　将十六进制数 1CF.6 转换成十进制数。

$$(1CF.6)_{16} = 1 \times 16^2 + 12 \times 16^1 + 15 \times 16^0 + 6 \times 16^{-1}$$
$$= 1 \times 256 + 12 \times 16 + 15 \times 1 + 6 \times 0.0625$$
$$= 256 + 192 + 15 + 0.375$$
$$= (463.375)_{10}$$

2. 将十进制数转换为 r 进制(二进制、八进制、十六进制)数

转换方法:

(1) 对于整数部分,除 r 取余,将余数从下往上取出来;

(2) 对于小数部分,乘 r 取整,将取整的结果按顺序取。

【例 2-4】 将十进制数 12.3125 转换成二进制数。

$$12 \div 2 = 6 \cdots 余 0$$
$$6 \div 2 = 3 \cdots 余 0$$
$$3 \div 2 = 1 \cdots 余 1$$
$$1 \div 2 = 0 \cdots 余 1$$
低位、高位

$$0.3125 \times 2 = 0.625 \cdots 取整 0$$
$$0.625 \times 2 = 1.25 \cdots 取整 1$$
$$0.25 \times 2 = 0.5 \cdots 取整 0$$
$$0.5 \times 2 = 1 \cdots 取整 1$$
高位、低位

$$(12.3125)_{10} = (1100)_2 + (0.0101)_2 = (1100.0101)_2$$

【例 2-5】 将十进制数 16.3125 转换成十六进制数。

$$16 \div 16 = 1 \cdots 余 0$$
$$1 \div 16 = 0 \cdots 余 1$$

$$0.3125 \times 10 = 5 \cdots 取整 5$$

$$(16.3125)_{10} = (10)_{16} + (0.5)_{16} = (10.5)_{16}$$

3. 将二进制数与八进制数、十六进制数的相互转换

转换方法:

(1) 二进制数、八进制数之间的转换用三位一组法,即按照表 2-1 对应关系将三位二进制数转换成一位八进制数,将一位八进制数转换成三位二进制数。

(2) 二进制数、十六进制数之间的转换用四位一组法,即按照表 2-1 对应关系将四位二进制数转换成一位十六进制数,将一位十六进制数转换成四位二进制数。

另外八进制数与十六进制数之间不能直接进行转换,但它们之间的转换可通过先转换成二进制数的方法,间接地实现。

【例 2-6】 将二进制数 110101.01 转换成十六进制数。

$$0011 \quad 0101 \quad . \quad 0100$$
$$3 \quad 5 \quad . \quad 4$$

$$(110101.01)_2 = (35.4)_{16}$$

【例 2-7】 将十六进制数 B6.C4 转换成二进制数。

$$B \quad 6 \quad . \quad C \quad 4$$
$$1011 \; 0110 \quad . \quad 1100 \; 0100$$

$$(B6.C4)_{16} = (10110110.110001)_2$$

〔**注意**〕　在实现二进制数与八进制数、十六进制数之间的转换过程中,小数部分与整数部分必须分开转换,不足三或四位时在二进制数整数的最高位或小数的最低位补 0;反之,八进制数、十六进制数转换成二进制数时,整数部分最高位和小数部分最低位的 0 可省去。

2.3　信息存储单位

计算机处理的信息包含有数值型数据和非数值型数据,这些数据在计算机中都是以二进制形式存储的。其存储单位有以下两种。

1. 位

位(bit)是计算机中存储数据的最小单位,表示二进制的一位。一位二进制只能表示两种状态,即 0 或 1。

2. 字节

字节(Byte)是数据处理的基本单位,由相邻的 8 位所组成,一般用字母 B 表示,即 1B=8bit。存储器的容量大小以包含的字节数来衡量,常见的容量单位还有 KB、MB、GB、TB、PB、EB 等,其大小分别为:

$1KB=1024B=2^{10}B$

$1MB=1024KB=2^{20}B$

$1GB=1024MB=2^{30}B$

$1TB=1024GB=2^{40}B$

$1PB=1024TB=2^{50}B$

$1EB=1024PB=2^{60}B$

通常,一个 ASCII 码占一个字节,一个汉字国标码占两个字节,整数用两个字节存储,带小数点的数(即实数)用四个字节组成浮点形式进行存储。

2.4　信息编码

计算机以二进制形式存储信息。信息编码就是将输入到计算机中的各种数值型数据和非数值型数据用二进制数表示的方式。数值型数据常用 BCD 码进行编码,字符编码常用 ASCII 码进行编码。汉字编码常见的有:国标码、机内码、字形码、输入码等。

1. BCD 码

BCD 码(Binary-Coded Decimal)也称为二进码十进数或二-十进制代码,以四位二进制数来表示一位十进制数中的 0～9 这 10 个数码。它是一种二进制的数字编码形式,即用二进制编码表示十进制数。BCD 码这种编码形式利用了四个二进制位来储存一个十进制的数码,使二进制和十进制之间的转换得以快捷的进行。

8421 BCD 码是最常用的 BCD 码,它与四位自然二进制码相似,各位的权值为 8,4,2,

1,故称为有权 BCD 码。与四位自然二进制码不同的是,它只选用了四位二进制码中的前10 组代码,即用 0000~1001 分别代表它们所对应的 0~9 十进制数。例如,$(79)_{10}$ 的 8421-BCD 码为$(01111001)_{8421-BCD}$。

2. ASCII 码

美国信息交换标准代码(American Standard Code for Information Interchange,ASCII)是基于拉丁字母的一套计算机编码系统,主要用于显示现代英语和其他西欧语言。它是现今最通用的单字节编码系统。

7 位 ASCII 码由 7 位二进制数组成,如表 2-2 所示。因此定义了 $2^7 = 128$ 种符号,ASCII 码的排列次序为 $b_6 b_5 b_4 b_3 b_2 b_1 b_0$,$b_6$ 为高位,b_0 为低位。由表 2-2 可以看出 B 的 ASCII 码为:1000010。

表 2-2 7 位 ASCII 码表

$b_3 b_2 b_1 b_0$ \ $b_6 b_5 b_4$	000	001	010	011	100	101	110	111
0000	NUL	DEL	SP	0	@	P	`	p
0001	SOH	DC1	!	1	A	Q	a	q
0010	STX	DC2	"	2	B	R	b	r
0011	ETX	DC3	#	3	C	S	c	s
0100	EOT	DC4	$	4	D	T	d	t
0101	ENQ	NAK	%	5	E	U	e	u
0110	ACK	SYN	&	6	F	V	f	v
0111	BEL	ETB	'	7	G	W	g	w
1000	BS	CAN	(	8	H	X	h	x
1001	HT	EM	)	9	I	Y	i	y
1010	LF	SUB	*	:	J	Z	j	z
1011	VT	ESC	+	;	K	[	k	{
1100	FF	FS	,	<	L	\	l		
1101	CR	GS	-	=	M	]	m	}
1110	SO	RS	.	>	N	^	n	~
1111	SI	US	/	?	O	_	o	DEL

将 ASCII 码二进制值转化为十进制值,可以看出 0~31 和 127(共 33 个)是控制字符或通信专用字符(其余为可显示字符),如控制符:LF(换行)、CR(回车)、FF(换页)、DEL(删除)、BS(退格)、BEL(响铃)等;通信专用字符:SOH(文头)、EOT(文尾)、ACK(确认)等;ASCII 值为 8、9、10 和 13 分别转换为退格、制表、换行和回车字符。它们并没有特定的图形显示,但会依据应用程序的不同,而对文本显示产生不同的影响。32~126(共 95 个)是字符(32 是空格),其中 48~57 为 0~9 十个阿拉伯数字。65~90 为 26 个大写英文字母,97~122 号为 26 个小写英文字母,其余为一些标点符号、运算符号等。

3. 汉字编码

计算机中汉字也是用二进制编码来表示的,同样是人为编码的。根据应用目的的不同,汉字编码分为汉字输入码、汉字国标码、汉字机内码和汉字字形码。

1）汉字输入码

输入码也称为外码，是用来将汉字输入到计算机中的一组编码。常用的输入码有拼音码、五笔字型码、自然码和区位码等。

2）汉字国标码

国标码又称为交换码，它是在不同汉字处理系统间进行汉字交换时所使用的编码。采用十六进制表示。中国国家标准总局 1981 年发布了中华人民共和国国家标准 GB 2312—80《信息交换用汉字编码字符集·基本集》，即国标码。

区位码是国标码的另一种表现形式，把国标 GB 2312—80 中的汉字和图形符号组成一个 94×94 的方阵，分为 94 个"区"，每区包含 94 个"位"，其中"区"的序号为 01～94，"位"的序号为 01～94。

3）汉字机内码

根据国标码的规定，每一个汉字都有了确定的二进制代码，在计算机内部汉字代码都用机内码，它的作用是在计算机内部统一了各种不同的汉字输入码。

4）汉字字形码

字形码是汉字的输出码，用于汉字的显示和打印。输出汉字时都采用图形方式，无论汉字的笔画多少，每个汉字都可以写在同样大小的方块中。通常用 16×16 点阵来显示汉字。

第3章 计算机系统

计算机系统包括计算机硬件系统和计算机软件系统。计算机硬件系统由看得见、摸得着的各种电子元件及设备组成,是借助电、磁、光、机械等原理构成的各种物理部件的有机组合,它是计算机系统赖以工作的实体。计算机软件系统是指挥计算机系统工作的各种程序和相关文档的集合。

3.1 计算机硬件系统

计算机硬件系统主要由运算器、控制器、存储器、输入设备和输出设备组成,各部件间由总线连接,如图 3-1 所示。

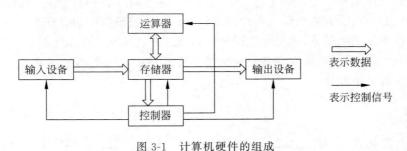

图 3-1　计算机硬件的组成

1. 运算器

运算器又称为算术逻辑单元。运算器的主要功能是算术运算和逻辑运算,大量数据的运算任务是在运算器中进行的。算术运算包括加、减、乘、除等基本运算;逻辑运算包括逻辑判断、关系比较以及其他的基本逻辑运算,如"或""与""非"等。

2. 控制器

控制器是整个计算机系统的指挥控制中心,它控制计算机各部分自动且协调地工作,保证计算机按照预先规定的目标和步骤有条不紊地进行。控制器通过地址访问存储器,逐条取出指令,对指令进行译码或测试,并产生相应的操作控制信号,作用于其他部件来完成指令要求的工作。

通常将运算器和控制器统称为中央处理单元(Central Processing Unit,CPU)。它是整个计算机的核心部件,是计算机的"大脑",它控制了计算机的运算、处理、输入和输出工作。

3．存储器

存储器由内部存储器和外部存储器组成。当数据和程序正在被 CPU 处理时,内部存储器可以暂时保存数据和程序指令,外部存储器可以长久地保存数据和程序,通常外部存储器包括硬盘驱动器、光盘驱动器和移动存储设备等。

4．输入设备

输入设备可以从外部接收数据、程序和其他信息,将其转换为计算机能识别的形式。常见的输入设备有键盘、鼠标、麦克风、扫描仪和数码相机等。

5．输出设备

输出设备将计算机处理的结果和计算机内部二进制的数据信息显示成人们或其他设备能识别的信息形式。常用的输出设备有显示器、打印机和扬声器等。

通常将输入设备和输出设备统称为 I/O 设备。

3.2　微型计算机硬件系统

微型计算机体积较小,又称为 PC 机。其各个部件和设备相对独立,具有较好的扩展性,接口种类较丰富,能方便地接入各种外部设备。一个完整的微型计算机系统同样包括硬件系统和软件系统两大部分,微型计算机硬件系统遵循计算机硬件系统的组成原则,也主要由运算器、控制器、存储器、输入设备和输出设备五部分组成。下面介绍这五部分在微型计算机中相对应的电子器件。

1．主板

主板是计算机各个部件工作的平台,各个部件通过主板进行数据传输,主板将计算机各个部件连接起来,形成一个整体。CPU 像大脑一样,负责所有的运算工作,而主机板就与脊椎类似,用于连接扩展卡、硬盘、网络、键盘、鼠标、打印机等。典型的主板提供了一系列接口,供其他设备连接,它们通常直接插入有关插槽或用线路连接。

2．中央处理单元

中央处理单元(Central Processing Unit,CPU)又称为微处理器,承担计算机的运算及控制功能。CPU 集成在一块超大规模集成电路芯片上,常以其类型和型号来衡量微型计算机的性能。

CPU 包括运算逻辑部件、寄存器部件和控制部件等。(1)运算逻辑部件:CPU 可以执行定点或浮点算术运算操作、移位操作以及逻辑操作,也可执行地址运算和转换。(2)寄存器部件:包括寄存器、专用寄存器和控制寄存器,可以用来保存在执行指令过程中临时存放的寄存器操作数和中间(或最终)操作结果。(3)控制部件:主要负责对指令进行译码,并且发出为完成每条指令所要执行的各个操作的控制信号。

计算机的性能在很大程度上是由 CPU 的性能决定的,而 CPU 的性能主要体现在其运行程序的速度上。影响运行速度的性能指标包括多核与超线程、字长、主频、外频和倍频、缓存、指令集和扩展指令集、制造工艺等。

3. 存储器

存储器将输入设备接收到的信息以二进制的数据形式保存到存储器中。存储器包括内存储器和外存储器。

1) 内存储器

内存储器也称为内存,用于暂时存放 CPU 中的运算数据,以及与硬盘等外部存储器交换数据。只要计算机在运行中,CPU 就会把需要运算的数据调到内存中进行运算。当运算完成后 CPU 再将结果传送出来。内存运行的稳定性也决定了计算机运行的稳定性。

内存储器从功能上通常分为只读存储器(Read-Only Memory,ROM)和随机存取存储器(Random Access Memory,RAM)。

ROM 只能读出而不能写入信息,其中的信息一般是在制造时一次写入的,停电后内部的数据也不会丢失。主板上的 BIOS 芯片通常使用 ROM,它主要用于存放计算机输入输出设备的基本驱动程序、开机自检及初始化程序、硬件中断处理程序、系统设置程序等。

RAM 可以随机地读写信息。它只能用于暂时存放信息,计算机若突然断电,存储内容将全部丢失。内存条是将 RAM 集成块集中在一起的小型电路板,它插在计算机的内存插槽上。

2) 外存储器

外存储器的种类很多,例如硬盘、光盘、优盘、移动硬盘、固态硬盘等。外存储器不直接与 CPU 相连接,用于长期存放各类信息。容量大,价格低,但是存取速度慢。

机械硬盘由金属磁片制成。磁片具有记忆功能,所以存储到磁片的数据不会因断电而丢失。

移动硬盘是以硬盘为存储介质,用于计算机之间的大容量数据交换。移动硬盘多采用 USB、IEEE1394 等传输速度较快的接口,可以较高的速度与系统进行数据传输。固态硬盘是用固态电子存储芯片阵列而制成的硬盘,固态硬盘具有传统机械硬盘并不具备的快速读写、质量轻、能耗低以及体积小等特点。

4. 常用输入设备

键盘是计算机最常用的输入设备之一,其作用是向计算机输入命令、程序和数据。

鼠标给人机交互带来了一次很大的革命。当人们移动鼠标时,计算机屏幕上就会有一个箭头指针跟着移动,可以快速准确地在屏幕上定位。

5. 常用输出设备

1) 声卡

声卡是用于实现音频模拟信号与数字信号相互转换的一种硬件设备。当发出播放命令后,可以将计算机中的声音数字信号转换成模拟信号送到扬声器、耳机等音响设备上。

2）显卡

显卡在工作时可以与显示器配合输出图形和文字，也可以将计算机系统需要显示的信息进行转换，并向显示器提供行扫描信号，进而完成显示器的正确显示。它是连接显示器和计算机主板的重要元件。

3）显示器

显示器是计算机主要的输出设备，通过信号线与显卡连接，用于显示计算机发出的信号。

4）打印机

打印机可以将计算机中的文件数据打印到纸上，它是重要的输出设备之一。

6. 网卡

网卡是工作在数据链路层的网络组件，是局域网中连接计算机和传输介质的接口。网卡不仅能实现与局域网传输介质之间的物理连接和电信号匹配，还能实现帧的发送与接收、帧的封装与拆封，介质访问控制，数据的编码与解码以及数据缓存等功能。它是用于建立局域网并连接到 Internet 的重要设备之一。

7. 其他输入输出设备

输入输出设备中常见的还有扫描仪、触摸屏、数码相机、绘图仪等，且发展速度很快，对计算机的发展和人类生活方式的改变起到了很大作用。

3.3　计算机软件系统

计算机软件系统包括计算机运行时所需要的各种程序、数据及其相关文档，是计算机系统的灵魂。没有软件的计算机仅仅是一台没有任何功能的机器，也称为裸机。

计算机软件总体可分为系统软件和应用软件两大类。

系统软件是计算机系统中最接近硬件层的软件，其他软件一般都通过系统软件发挥作用。一般来讲，系统软件包括操作系统和一系列基本的工具（例如编译器、数据库管理、存储器格式化、文件系统管理、用户身份验证、驱动管理、网络连接等方面的工具）。操作系统是用于管理、控制和监督计算机软硬件资源协调运行的程序系统，由一系列具有不同控制和管理功能的程序组成，它是直接运行在计算机硬件上的、最基本的系统软件。

应用软件是特定应用领域专用的软件。例如 Office 办公软件、图像处理软件、娱乐学习类软件等。

3.4　操作系统

操作系统（Operating System，OS）是用于管理硬件资源，控制程序运行，改善人机界面和为应用程序提供支持的一种系统软件。它是搭建在硬件平台上的第一层软件，是用户与计算机之间的接口。操作系统是计算机系统的关键组成部分，负责管理与配置内存，决定系统资源供需的优先次序,控制输入与输出设备,操作网络与管理文件系统等基本任务。

操作系统的种类很多,各种设备安装的操作系统可从简单到复杂,从手机的嵌入式操作系统到超级计算机的大型操作系统。目前流行的现代操作系统主要有 Android、BSD、iOS、Linux、Mac OS、Windows、Windows Phone 和 z/OS 等,除了 Windows 和 z/OS 等少数操作系统,大部分操作系统都为类 Unix 操作系统。

操作系统具有并发、共享、虚拟、异步四个特征。并发是指两个或两个以上的程序在同一时间段内同时执行。共享是指操作系统中的资源(包括硬件资源和信息资源)可被多个并发执行的进程所使用。异步是指在多道程序环境中,允许多个进程并发执行,由于资源有限而进程众多。多数情况,进程的执行不是一贯到底,而是"走走停停"。虚拟是指把一个物理上的实体变为若干个逻辑上的对应物。例如,虚拟处理器、虚拟内存、虚拟外部设备。

Windows 是美国微软公司研发的一套操作系统,它问世于 1985 年,起初仅仅是 Microsoft-DOS 模拟环境,后续才得以不断的更新升级。

Windows 采用了图形化模式 GUI,比起之前的 DOS 更为人性化。随着计算机硬件和软件的不断升级,微软公司的 Windows 也在不断升级,从架构的 16 位、32 位再到 64 位,系统版本包括 Windows 1.0、Windows 95、Windows 98、Windows ME、Windows 2000、Windows 2003、Windows XP、Windows Vista、Windows 7、Windows 8、Windows 8.1、Windows 10 和 Windows Server 服务器企业级操作系统。

Linux 操作系统诞生于 1991 年,由 Linus Torvalds 在芬兰赫尔辛基大学创造而来。它的出现打破了 Windows 操作系统一统天下的局面。

Linux 是一套免费使用和自由传播的类 Unix 操作系统,是一个基于 POSIX 和 UNIX 的多用户、多任务,能支持多线程和多 CPU 的操作系统。它能运行主要的 UNIX 工具软件、应用程序和网络协议,可支持 32 位和 64 位硬件。Linux 继承了 Unix 以网络为核心的设计思想,是一个性能稳定的多用户网络操作系统。

Mac OS 是一套运行于苹果公司 Macintosh 系列计算机上的操作系统。Mac OS 是首个成功地应用于商用领域的图形用户界面操作系统。Mac 系统是基于 Unix 内核的图形化操作系统;一般情况下,在普通 PC 上无法安装,由苹果公司自行开发。

第二部分 Office 2010办公自动化软件

学习目标

- 掌握Word 2010文档编辑与排版以及表格处理；
- 理解Word 2010相关高级操作；
- 掌握Excel 2010工作表的创建与编辑及其公式与函数；
- 掌握Excel 2010数据处理与分析、图表制作；
- 掌握PowerPoint 2010演示文稿的编辑与修饰；
- 掌握PowerPoint 2010 交互设置、放映与共享。

第二部分主要介绍Office 2010相关知识和实用技巧，内容包括Word 2010文档编辑与排版，表格处理，文档修订，公式编辑，流程图绘制，自动生成目录及邮件合并等常用的基础知识；Excel 2010工作表的创建与编辑，统计计算，根据数据创建编辑图表以及数据分析与处理等操作的步骤和方法；Power Point 2010演示文稿的编辑与修饰、交互设置、放映与共享的相关内容。

第4章 文稿处理Word 2010

Word 2010 是 Microsoft 公司开发的 Office 2010 办公组件之一，可以用来编辑排版文字、图表等信息形成各种不同类型的文档，如图书、论文、报纸、期刊、广告等。经过排版后的文档，就可以打印输出，以各种精美的方式呈现。本章将详细介绍 Word 2010 文档编辑与排版、表格处理、文档修订、公式编辑、流程图绘制、自动生成目录及邮件合并等常用方法。

4.1　Word 2010 概述

4.1.1　Word 2010 软件介绍

Word 2010 是强大的文字处理软件，可以利用 Word 2010 进行各种文字的编辑，对整个文档进行规范化排版处理，使得文档结构清晰、页面规范、图文并茂。

Word 2010 基本功能如下：

(1) 图文排版：完成各种场合需要的图文排版，例如传单、宣传页、各种彩页等。

(2) 图表制作：不仅可以自动制表，还可以手动制表。表格中数据可以自动计算，对表格进行各种修饰，例如制作招聘表、入职表、简历表。

(3) 绘图功能：可以绘制各种图形，如椭圆、长方形、任意多边形和文本框等，还可在图形中添加文字，对图形进行美化等操作。

(4) 长文档编辑与排版：完成长文档如毕业论文的快速排版，使用样式、自动生成目录等。

(5) 邮件合并：批量生成学生成绩单、请柬等。

4.1.2　Word 2010 的操作界面

启动 Word 2010 后，便可打开其操作界面，如图 4-1 所示。该界面主要由快速访问工具栏、功能区、编辑区、状态栏四部分组成。

1. 快速访问工具栏

快速访问工具栏位于左上角。默认情况下，设有"保存""撤销""恢复重复"三个按钮，可以单击右侧的"自定义快速访问工具栏"按钮，添加其他按钮。

2．功能区

功能区位于功能菜单下方，当单击上方的菜单就会出现相应的编辑工具。

3．编辑区

编辑区是用来输入和编辑文字的区域。在 Word 2010 中，不断闪烁的插入点光标"｜"表示用户当前的编辑位置。

4．状态栏

状态栏位于窗口的左下角，用于显示文档页数、字数及校对信息等。

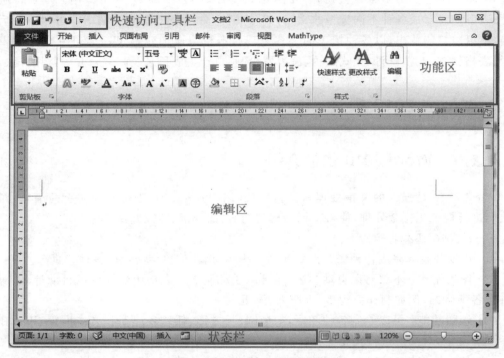

图 4-1　Word 2010 的操作界面

4.2　文档编辑与排版

4.2.1　创建与编辑文档

启动 Word 2010，Word 2010 将自动创建新的空白文档，选择"文件"→"新建"命令，或者在"可用模板"对话框中选择"空白文档"命令，也可以创建新文档。

Word 2010 还可以依据系统提供的模板来创建文档，这些模板可以来自 Office.com 的模板，也可以是本机模板。模板是一些已经设置好格式的文档，如信件收信函、信封、广告传单和海报等，利用它可以快速建立某些特殊格式的文档，如图 4-2 所示。

图 4-2　创建新文档

可以在新建文档中输入文本,包括普通文本、特殊符号、公式、图片、自选图形、文本框等。

选择"插入"→"符号"命令,可以输入各种符号,包括键盘上没有的特殊符号,如拉丁语、几何图形符等。

选择"插入"→"公式"命令,可以输入常用的数学公式符号。

选择"插入"→"图片"命令,可以插入本地计算机中的图片。

选择"插入"→"形状"命令,可以插入箭头、矩形、基本形状、流程图等相关自选图形。

选择"插入"→"文本框"命令,可以插入文本框,在图片上添加文字。

选择"开始"→"查找"命令,可以从文档中依据指定的关键字找到所有相匹配的字符。选择"开始"→"替换"命令,可以用新字符串代替文档中查找到的旧字符串。

4.2.2　保护文档

为了防止编辑完成的文档被其他人修改,可以对文件进行保护设置,即给文档设置打开密码,如图 4-3 所示。

(1)选择"文件"→"信息"命令,单击"保护文档"下拉按钮,选择"用密码进行加密"命令,弹出"加密文档"对话框。

(2)在"密码"文本框中输入密码,然后单击"确定"按钮。

(3)弹出"确认密码"对话框,再次输入密码后,单击"确定"按钮。

(4)选择"文件"→"信息"命令,可以看到文档的权限已经更改,即可保存并关闭文档。再次打开此文档时,会弹出"密码"对话框,需要输入正确密码才能打开文档。

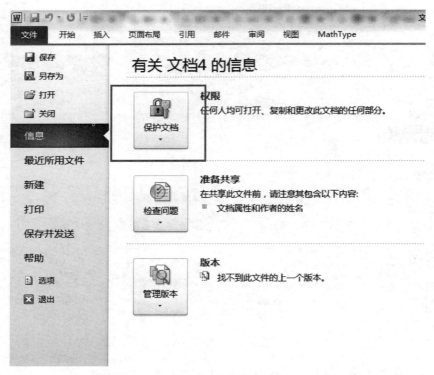

图 4-3　文档加密

4.2.3　排版文档

文档建立好后可以按照要求进行格式排版，对文档正文字体、段落进行设置，对文档中的图片、自选图形等进行图文混排，添加页码、页眉页脚等。

1．字体设置

选中需要设置的文字，单击"开始"→"字体"选项组右下角按钮，可以弹出"字体"对话框，设置文字的中文字体、西文字体、字号、字体颜色等，如图 4-4 所示。

"字体"对话框中包含"字体"和"高级"两个选项卡，"字体"选项卡可以设置文字的中文字体、西文字体、字号、字形、字体颜色、上标、下标等文字效果。

"高级"选项卡中可以设置字符间距，Word 2010 提供缩放、间距和位置三种字符间距。缩放是对字体设置缩放百分比，间距和位置以输入的磅值为单位。间距有标准、加宽和紧缩三种；字符位置也有标准、提升和降低三种。

2．段落设置

选中需要设置的段落，单击"开始"→"段落"选项组右下角按钮，可以弹出"段落"对话框，设置段落的对齐方式、缩进方式、间距、行距等，如图 4-5 所示。

段落对齐方式有左对齐、居中、右对齐、两端对齐和分散对齐五种方式。

段落缩进有首行缩进、悬挂缩进、左缩进、右缩进四种方式。

图 4-4　字体设置

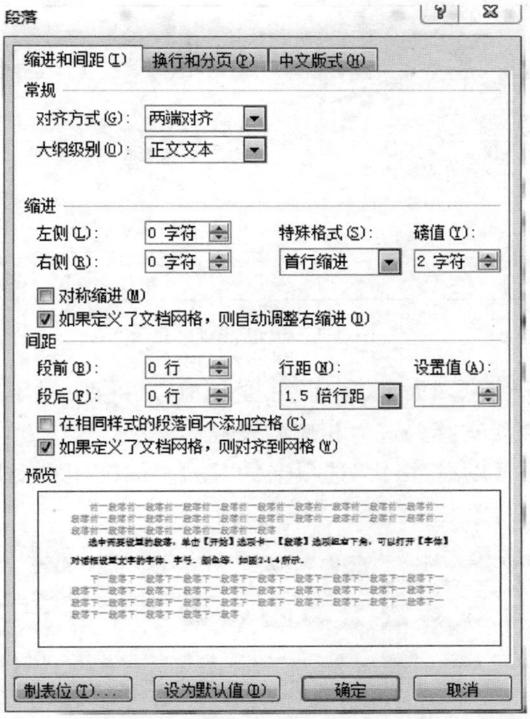

图 4-5　段落设置

首行缩进也就是段落的第一行文字的缩进，一般中文文本段落第一行缩进两个字符。悬挂缩进是段落的第一行文字没有缩进，剩下的其他行都缩进。左缩进是指以整个段落距离正文边框左侧的距离进行缩进。右缩进是指以整个段落距离正文边框右侧的距离进行缩进。

3．图文混排

图文混排是文档排版中的重要方法，可以设置图片、剪贴画、自选图形、艺术字等与文字间的排列方式，合理的图文混排可以使文档显得更有特色。

（1）打开要编辑的文档，选择"插入"→"图片"命令，并从弹出的"插入图片"对话框中选择所需的图片，单击"插入"按钮，进行插入操作。

（2）选中插入的图片，右击，在弹出的快捷菜单中选择"大小和位置"命令，在弹出的"布局"对话框中，选择"文字环绕"→"四周型"命令，单击"确定"按钮，如图 4-6 所示。此时图片可被任意拖曳，同时位于图片下方的文字将自动环绕在图片的四周。

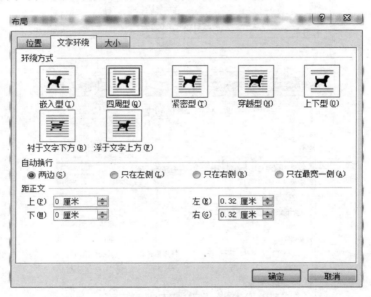

图 4-6　"布局"对话框

图片环绕方式有嵌入型、四周型、紧密型、穿越型、上下型、衬于文字下方和浮于文字上方多种方式，可以依据需要选择并进行相应的设置。

（3）插入图片后，也可以在"格式"选项卡的"图片样式"组中对图片进行突出显示的设置，如图 4-7 所示。

图 4-7　图片格式设置

4．页眉页脚设置

页眉页脚是文档每一页的说明性信息，可以是文字、图片、日期、页码等。单击"插入"→

"页眉"或"页脚"下拉按钮,可以弹出相应的下拉菜单,如设置页脚的格式与位置等,随后将在文档中打开页眉和页脚空间,并在菜单栏中增加"页眉和页脚工具"选项卡。只有在单击"关闭页眉和页脚"按钮后,才能再次编辑文档的正文,如图4-8所示。

图4-8　插入页眉页脚

可以在页眉或页脚中添加更多内容,如时间、图片或其他文档信息。

各页的页眉页脚可以相同,也可以不同。例如,对页眉编辑时,选择"奇偶页不同"复选框,这时页眉编辑区左侧将会出现"奇数页页眉"或"偶数页页眉"提示,即可设置文档中奇偶页不同的页眉页脚。

选择"首页不同"复选框,可设置将第一页的页眉页脚清除,即首页不显示页眉或页脚,如图4-9所示。

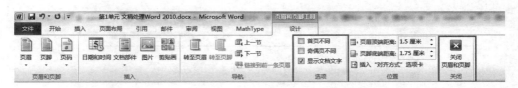

图4-9　设置页眉页脚

5. 页码设置

选择"插入"→"页码"→"设置页码格式"命令,即可以弹出"页码格式"对话框。对话框中的"编号格式"下拉列表框用于指定页码的格式,如阿拉伯数字、中/英文字符等。"页码编号"选项区域用于设置起始页码,选择"续前节"单选框是指从当前文档的第一页开始顺序编页,选择"起始页码"单选框是指从输入的固定值开始顺序编页,如图4-10所示。

如果要取消页眉、页脚或页码设置,只要双击页眉页脚位置,在页眉页脚设置区选中相应的值后,按Del键即可。

图4-10　"页码格式"对话框

4.2.4　打印文档

文档排版好后,有时为了打印效果的需要,还需对其页面进行设置。在实际工作中,用户可以依据需要对文档的纸张方向、页边距、纸张大小等进行页面设置,还可以通过打印设置,使文档的打印效果更加美观。

1．页面设置

在 Word 2010 中，可以通过"页面布局"选项卡实现对页面的整体设置，例如设置页边距、纸张大小、分栏、页面颜色、水印、页面边框等，如图 4-11 所示。

图 4-11　设置页面

2．打印

待文档全部设置完成后，便可以打印文档，选择"文件"→"打印"命令，即可对打印操作进行具体设置，如图 4-12 所示。

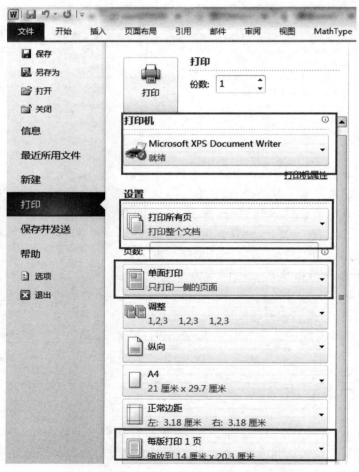

图 4-12　设置打印

（1）选择打印机

单击"打印机"下拉按钮，显示本机已安装的本地打印机和网络打印机的名称，从中选择即可。

（2）设置打印范围

单击"打印所有页"下拉按钮，可以选择打印所有页、打印当前页或者打印自定义范围命令。

（3）单双面打印

单击"单面打印"下拉按钮，可以选择单面打印或双面打印命令。如果打印机不支持自动双面打印，可以选择手动双面打印命令。

（4）打印缩放

单击"每版打印1页"下拉按钮，可以选择每版打印几页内容和将文档缩放至不同尺寸的纸张大小。

4.3　表格处理

4.3.1　创建及编辑表格

Word的表格功能，可以简明直观地将数据展示出来，可以制作个人简历、成绩单、申请表等各种类型的表格。

单击"插入"→"表格"下拉按钮，打开"表格"下拉菜单，选择"插入表格"命令，在弹出的"插入表格"对话框中输入表格的行数和列数，如图4-13所示。

创建表格也可以利用"笔"绘制表格，单击"插入"→"表格"下拉按钮，打开"表格"下拉菜单，选择"绘制表格"命令，文档中的光标显示为铅笔形状，在需要插入表格的位置按住鼠标左键并向右下方拖曳鼠标，直到适当位置后松开鼠标左键，就可以得到表格的外框，读者可以依据自己的需要绘制内部的表格线。

图4-13　"插入表格"对话框

插入空表后，插入点定位在表格的第一行第一列的单元格处，这时可以向单元格中输入数据。

插入表格后，如果需要重新编辑表格，可以通过"表格工具"选项卡对表格进行插入或删除单元格、行和列等操作。将光标定位到需要插入的位置，选择"表格工具"→"布局"→"行和列"功能组中的命令，进行相应位置的插入操作，如图4-14所示。

图4-14　插入行和列

单击"行和列"的右下角按钮,弹出"插入单元格"对话框,可以选择相应的命令插入单元格,如图4-15所示。

选定需要删除的单元格、行和列,单击"表格工具"→"布局"→"行和列"→"删除"下拉按钮,可以选择相应的删除命令。

表格中的单元格还可以进行合并和拆分操作,可以选中需要合并的多个单元格,选择"表格工具"→"布局"→"合并"功能组中的"合并单元格"命令,将多个单元格合并成一个大的单元格。也可以选中一个单元格,选择"表格工具"→"布局"→"合并"功能组中的"拆分单元格"命令,弹出"拆分单元格"对话框,设定好拆分的行数和列数,将一个单元格拆分成需要的单元格,如图4-16所示。

 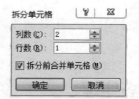

图4-15　"插入单元格"对话框　　　　图4-16　"拆分单元格"对话框

4.3.2　表格格式化

将表格基本结构和内容确定好后,可以对表格进行一些修饰美化操作。

1. 设置表格中字符格式

设置字符的字体、字号等,这些与文档的格式化操作相同。

2. 设置单元格对齐方式

选中需要的单元格或者整个表格,选择"表格工具"→"布局"→"对齐方式"功能组中的命令,可以设置9种对齐方式。单元格水平方向上有两端对齐、居中、右对齐三种对齐方式;垂直方式上有靠上、居中、靠下三种方式;水平方向和垂直方式组合出9种对齐方式。此外,还可以设置文字方向,如图4-17所示。

图4-17　单元格对齐方式

3. 设置表格对齐方式

选中表格,右击弹出快捷菜单,选择"表格属性"命令,弹出"表格属性"对话框,可以指定行高度、列宽度,设置表格对齐方式,是否文字环绕等,如图4-18所示。

图 4-18 "表格属性"对话框

4. 设置边框和底纹

选中需要设置的单元格、行、列或者整个表格，右击，在弹出的快捷菜单选择"边框和底纹"命令，弹出"边框和底纹"对话框，在"边框"选项卡中，可以设置内外框线的格式，如线型样式、边框宽度、边框颜色等，如图 4-19 所示。

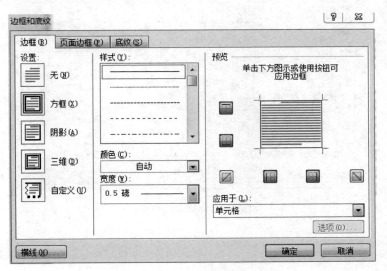

图 4-19 "边框和底纹"对话框

表格中需要突出显示的数据，可以为其添加特殊的底纹。在"边框和底纹"对话框中，选择"底纹"选项卡，可以设置底纹的颜色和图案的样式。

5. 自动套用格式

自动套用格式是 Word 中提供的一些现成的表格样式,其中包含已经定义好的各种样式的表格,用户可以直接选择需要的表格样式,而不必逐个设置表格中的各种格式。

选择表格,选择"表格工具"→"设计"→"表格样式"功能组中的命令,可以从各种内置的表格样式中选择一种,如图 4-20 所示。

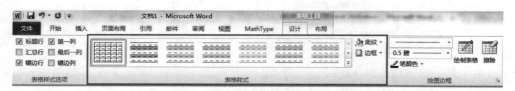

图 4-20　表格内置样式

4.3.3　表格数据处理

对 Word 表格中的数据可以进行一些简单的数据处理操作,如排序和公式计算。

1. 排序

可对表格中的列按字母顺序排列文本或者对数值数据进行排序。选择"表格工具"→"布局"→"数据"功能组中的"排序"命令,弹出"排序"对话框,可在对话框中设置主要关键字、次要关键字、升序或降序等排序规则,如图 4-21 所示。

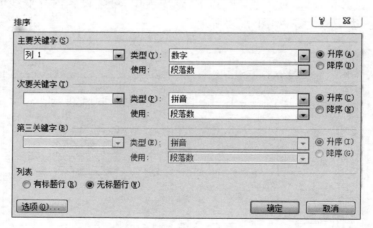

图 4-21　"排序"对话框

2. 公式

在 Word 表格中,可以使用公式进行一些简单的计算。将光标置于存放结果的单元格,然后选择"表格工具"→"布局"→"公式"命令,弹出"公式"对话框,如图 4-22 所示。用户可以在"公式"对话框中输入所需的公式或函数,同时可以在"编号格式"下拉列表框中选择数据显示格式,然后单击"确定"按钮即可。"粘贴函数"下拉列表框中显示了一些常用的函数,如平均值（AVERAGE）函数、最大值（MAX）函数、最小值（MIN）函数、乘积（PRODUCT）函数、求和（SUM）函数等。当这些函数计算时，可以使用一些位置参数，具体如下：

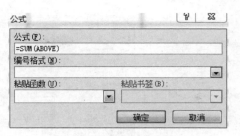

图 4-22 "公式"对话框

（1）LEFT 表示对当前单元格的左侧数据进行计算；

（2）RIGHT 表示对当前单元格的右侧数据进行计算；

（3）BELOW 表示对当前单元格的下方数据进行计算；

（4）ABOVE 表示对当前单元格的上方数据进行计算。

例如：对当前单元格上方数字求和，可使用＝SUM（ABOVE）。

对当前单元格左侧数字进行乘积运算，可使用＝PRODUCT（LEFT）。

在 Word 中，如果表格中的公式所引用的单元格数据发生变化，那么公式就不会自动进行计算。此时，可以选中整个表格，按 F9 键重新计算并更新结果。

4.4 Word 2010 高级操作

4.4.1 文档修订

用户经常需要对 Word 文档进行修改，经过多次修改后用户对修改过程其实并不是特别清楚的，如果想知道之前到底修改了什么，就需要记录修改痕迹，Word 2010 提供了文档修订功能，该功能使用相应的标记来记录所做的修改，方便用户对文档的校对。

打开需要修订的文档，单击"审阅"→"修订"下拉按钮，再单击"修订"命令，进入修订状态。"修订"按钮变成黄色背景，表明文档已经处于修订模式，用户对文档的任意一处的修改都会有修订的信息，如图 4-23 所示。

图 4-23 文档修订

修订标记的具体格式也可以设置，单击"审阅"→"修订"下拉按钮，选择"修订选项"命令，弹出"修订选项"对话框，可以修改插入内容和删除内容的颜色等修订标记格式，如图 4-24 所示。

如果接受修订，选择"审阅"→"更改"→"接受"命令，修订生效；如果拒绝修订，选择"审阅"→"更改"→"拒绝"命令，取消修订。如果认为全部修订都合理，可以选择"接受对文档的所有修订"命令；如果想要取消所有修订，选择"拒绝对文档的所有修订"命令。

接受或拒绝修订后，文档仍处于修订状态，所有操作都会被标记。若想取消修订状态，

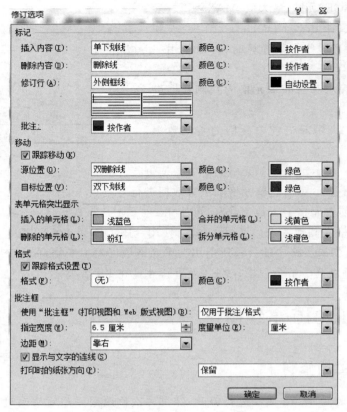

图 4-24　"修订选项"对话框

可再次选择"修订"命令，即可回到初始编辑状态。

4.4.2　公式编辑

在编写理工类论文时，经常需要处理复杂的数学公式，Word 2010 自带的公式编辑器可以创建和编辑数学公式。单击"插入"→"公式"下拉按钮，选择"插入新公式"命令，可以打开公式编辑器，进行公式的录入与编辑，如图 4-25 所示。

图 4-25　公式编辑器

在公式编辑方面，常用的编辑器还有 MathType，Office 中每一个公式或符号的输入均需要一步步地输入，但 MathType 中有明确的说明和相应的分类，如代数、导数、矩阵、三角函数的分类更细，说明更清楚，输入更方便；Office 自带公式编辑器在输入复杂公式时，需要将公式拆解后再将每个部分输入，而用 MathType 输入公式时可在常用公式类型下整体输入。

MathType 具有一些 Office 没有的符号，如一些德文符号，Office 中需要另外插入，而

MathType 可以直接输入，同时 MathType 能非常完美地嵌入 Word 和 PPT 文档。因此，MathType 在公式编辑中应用非常广泛。

下载安装好 MathType 软件后，单击"插入"→"对象"下拉按钮，选择"对象"命令，在弹出的对话框中，拉动滚动条，选择 MathType Equation 6.0，单击"确定"按钮，就会自动弹出 MathType 的编辑界面，以便输入需要的公式。关闭公式编辑框时，系统给出提示，单击"是"按钮，并选择下方的"不再显示此对话框"复选框，随后 Word 正文中将出现刚才输入的公式，如图 4-26 所示。

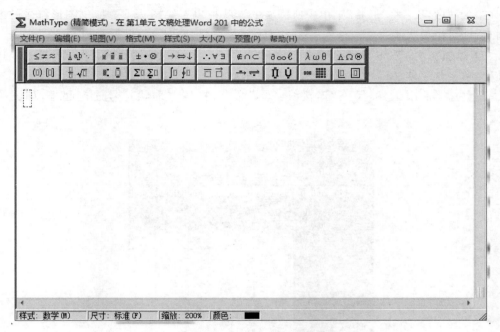

图 4-26 MathType 编辑器

MathType 中还可以插入公式编号，具体操作如下：

（1）打开 Word 文档，单击 MathType 选项卡。此操作要在 Word 中进行，而不是在 MathType 公式编辑器进行。

（2）在 MathType 选项卡中，找到插入公式编号（Insert Equation Number）命令。同时与之对应的还有插入公式左编号（Insert Left-Numbered Display Equation）和插入公式右编号（Insert Right-Numbered Display Equation）。这两项是编号在左和在右的命令，如果直接选择"插入公式编号"命令，则编号是在光标所在的位置插入。

在使用过"插入编号"命令以后，之后编辑的公式会自动编号。如果删除公式可以自动更新编号，则不用再重新手动编号。

4.4.3 绘制流程图

Word 2010 中，可以单击"插入"→"插图"→"形状"下拉按钮，来绘制简单的自选图形，若需处理复杂信息、系统和流程，可使用 Microsoft Office Visio 软件。Microsoft Office Visio 是一个功能强大的绘制图表软件，可由用户自行创建图库，采用模板快捷制图，能与

AutoCAD、Office 的其他软件整合应用，具有随意缩放均不会降低分辨率，打印方便等优势。

可以使用模板创建 Microsoft Office Visio 图。模板用于打开一个或多个包含创建图表所需的形状的模具。模板还包含适用于该绘图类型的样式、设置和工具，具体操作如下所述。

（1）打开模板：选择"文件"→"新建"→"选择绘图类型"→"流程图"→"基本流程图"命令。

（2）添加形状：将"形状"菜单中所需要的形状拖曳至绘图页上。拖曳图形符号的 8 个控制点，即可更改大小。

（3）添加文本：双击形状符号，填入所要的文字。也可利用"格式工具栏"更改字体的各种格式，例如字体、字号、颜色。

（4）选择"常用工具栏"→"连接线工具"命令，将各个形状符号连接起来，如图 4-27 所示。

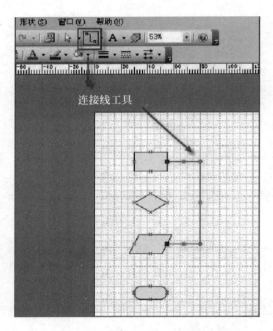

图 4-27　流程图的连接线工具(1)

（5）可以选择箭头方向，绘制连接线，如图 4-28 所示。

（6）不需要连接线时，可以使用指针工具，单击　　按钮，回到移动状态。

（7）如果"形状"菜单的形状不满足需要，还可以制作自定义形状。在工具栏空白处右击，选择"绘图"命令，其中可以选择矩形工具、椭圆形工具、线条工具、弧形工具、自由绘制工具等多种工具绘制，绘制完成后选中全部图形，右击，在弹出的快捷菜单选择"形状"→"组合"命令，使绘制的多个形状形成一个整体。

（8）流程图绘制完成后，可以全部选中，复制粘贴到所需要的 Word 文档中。当再次编辑时，直接在 Word 文档中双击相应图形即可进行修改。

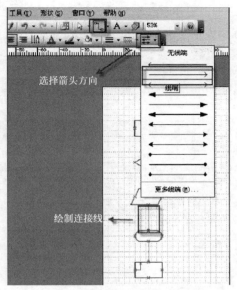

图 4-28 流程图的连接线工具(2)

4.4.4 论文参考文献添加 Zotero

Zotero 是开源的文献管理工具,可以方便地收集、组织、引用和共享文献。这里主要完成论文参考文献的添加,具体操作步骤如下所述。

1. 下载安装 Zotero

在 https://www.zotero.org/download/网页上选择对应的版权下载安装 Zotero,安装后 Zotero 会自动作为插件显示到 Word 中。

2. 添加参考文献

(1) 自动添加参考文献。在百度学术中输入所需要的论文题目或关键词,这里以 Topical word embeddings 为例,如图 4-29 所示。

Topical word embeddings

来自 ACM | ♡ 喜欢 0 阅读量 : 44

作者: Yang Liu , Zhiyuan Liu , Tat-Seng Chua...

摘要: Most word embedding models typically represent each word using a single vector, which makes these models indiscriminative for ubiquitous homonymy and polysemy. In order to enhance discriminativeness, we employ latent topic models to assign topics for each word in the text corpus, and learn topical word embeddings (TWE) based on both words and their topics. In this way, contextual word embeddings can be flexibly obtained to measure contextual word similarity. We can also build document representations, which are more express 展开 ▼

DOI: 9314

被引量 : 75

☆ 收藏   ⟨⟩ 引用   ⧉ 批量引用   ⚠ 报错   ⛬ 分享

图 4-29 参考文献显示界面

（2）单击"引用"按钮，弹出"引用"对话框，单击 BibTeX 按钮，弹出新页面，将其中的内容复制（包含了文章的所有相关信息），如图 4-30 所示。

图 4-30　导入参考文献链接

（3）复制完成后，打开 Zotero，按 Ctrl＋Shift＋V 组合键，可以直接生成目标条目。

（4）对于查不到的学位论文，可以手动添加相关信息。选择"文件"→"新建条目"→"学位论文"命令，在右侧工具栏中修改作者、年份、学校、题目等即可。

3）添加参考文献编号

添加好所有的参考文献的条目后，用 Word 打开相关文档，找到 Zotero 插件，即可进行插入和生成参考文献的操作。将光标定位到需要添加参考文献的位置，选择 Add/Edit Citation 命令，输入想要添加的参考文献，Zotero 会自动识别。如果需要添加多个，可以使用空格间隔，选择后按 Enter 键。Zotero 会对文章自动编号。

4）自动生成参考文献

编号添加完成后，在 Word 文档中，选择 Zotero→Insert Bibliography 命令，自动生成所有的参考文献，如图 4-31 所示。

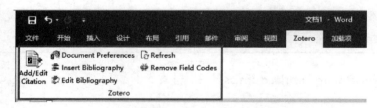

图 4-31　参考文献生成

5）选择参考文献格式

在 Zotero 界面中选择"工具"→"首选项"→"默认输出格式"命令，即可修改相应的参考文献格式，默认格式是 IEEE。

4.4.5　样式及创建目录

为提高排版效率，Word 2010 提供了一系列的高级排版功能，如样式和自动生成目录。

1. 样式

样式是一组已设置好的文本格式，不同的样式可以使用不同名称命名。例如设置文档各级标题样式和正文样式。样式设置好后，可以应用到相应的标题、文本中。如果文档中多个段落使用了某个样式，当修改该样式后，文档中所有应用该样式的文本格式将会自动调整。使用样式有利于创建大纲和目录。

（1）应用和新建样式。选中需要应用样式的文本，单击"开始"→"样式"右下角按钮，弹出"样式"对话框，选择系统自带样式，也可以在"样式"对话框中，单击"新建样式"按钮，弹出"根据格式设置创建新样式"对话框，设定相应的参数自定义样式，如图 4-32 所示。

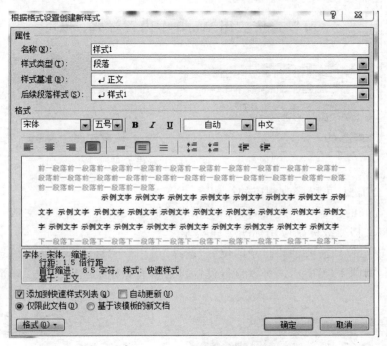

图 4-32　"根据格式设置创建新样式"对话框

（2）清除样式。已应用了相应样式的文本段落，如果不需要此样式，可以清除。将光标定位在需要清除样式的段落中，单击"开始"→"样式"右下角按钮，弹出"样式"对话框，选择"消除格式"命令即可。

（3）修改样式。可以直接应用 Word 2010 中内置样式，也可以修改样式以适应需要。单击"开始"→"样式"右下角按钮，弹出"样式"对话框，选择需要修改的样式，在该样式右边下拉列表中选择"修改"命令，弹出"修改样式"对话框，进行相应参数的修改，如图 4-33 所示。

2. 创建目录

对于论文、书籍或长文档，一般都有目录，以便用户对文档整体层次结构的了解，方便阅读。

创建目录可以利用标题样式，具体操作如下所述。

（1）在 Word 2010 文档中设置相应的标题样式，如标题 1、标题 2、标题 3，若系统自带的

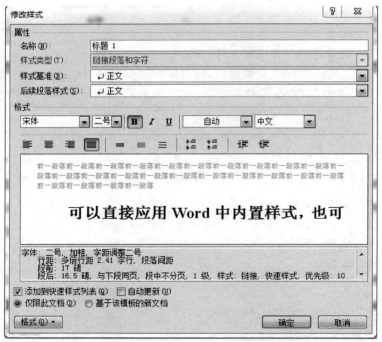

图 4-33 "修改样式"对话框

标题样式不符合需要,可以修改相应的标题。

（2）将设置好的标题样式应用到文档中相应的标题文本中。例如将文档一级标题应用标题 1 样式,将文档二级标题应用标题 2 样式等。

（3）将光标定位到需要创建目录的位置,选择"引用"→"目录"→"插入目录"命令,弹出"目录"对话框,如图 4-34 所示。可以自行设置目录格式和样式级别,单击"确定"按钮,即可生成目录。

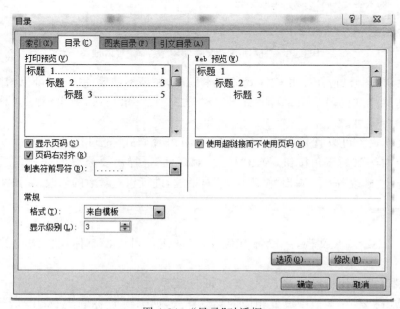

图 4-34 "目录"对话框

（4）如果文档中标题或页码发生了变化，可以更新相应的目录信息。选中目录内容，右击，在弹出的快捷菜单选择"更新域"命令，弹出"更新目录"对话框，如图4-35所示。依据需要选择"只更新页码"或"更新整个目录"单选框，再单击"确定"按钮即可。

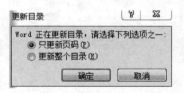

图4-35　"更新目录"对话框

4.4.6　邮件合并

Word软件提供邮件合并功能，可以一次性批量生成多个学生成绩单、工资条、获奖证书、请柬等。这些文档的特点是基本框架内容相同，但内部数据信息不同。如学生成绩单中课程名称等信息都相同，不同的是具体学生姓名和课程分数。邮件合并功能可以快速、批量地生成多份学生成绩单，具体操作如下所述。

（1）编辑好基本框架内容相同的主文档，注意这里是没有具体学生姓名，也没有具体课程成绩的学生成绩单文档。主文档如图4-36所示。

同学的家长：

你好！现将同学本学期的成绩单发送给你，以便你了解同学的学习进展。

课程	英语	计算机基础	大学语文	高等数学
成绩				

计算机学院

2019年1月8日

图4-36　主文档

（2）编辑好具有学生课程分数的数据源文档，这里使用的是Word表格，数据源文档也可以是Excel表格。数据源文档如图4-37所示。

姓名	英语	计算机基础	大学语文	高等数学
张三	89	89	90	78
李四	90	78	67	78
王五	67	90	78	90
赵六	56	67	67	56
钱七	90	80	40	87

图4-37　数据源文档

（3）打开主文档。单击"邮件"→"开始邮件合并"下拉按钮，依据需要选择相应的邮件格式，可以是信封、信函、标签等，默认的格式是普通Word文档。

（4）插入数据源。单击"邮件"→"选择收件人"下拉按钮，选择"使用现有列表"命令，选择图4-37所示的数据源文档。

（5）单击"邮件"→"插入合并域"下拉按钮，分别在主文档的相应位置上插入姓名、英语、计算机基础、大学语文、高等数学域名,如图 4-38 所示。

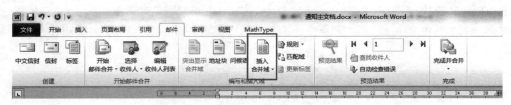

图 4-38 插入域名

(6) 插入域名后的主文档,如图 4-39 所示。

《姓名》同学的家长:

你好! 现将同学本学期的成绩单发送给你,以便你了解同学的学习进展。

课程	英语	计算机基础	大学语文	高等数学
成绩	《英语》	《计算机基础》	《大学语文》	《高等数学》

计算机学院
2019 年 1 月 8 日

图 4-39 插入域名后的主文档

(7) 预览邮件合并效果。选择"邮件"→"预览结果"命令,可以查看对应某条记录邮件合并后的具体效果。

(8) 合并文档。选择"邮件"→"完成并合并"→"编辑单个文档"命令,弹出"合并到新文档"对话框,如图 4-40 所示。设置具体合并份数,选择"全部"单选框,单击"确定"按钮,完成五份不同信息的学生成绩单。

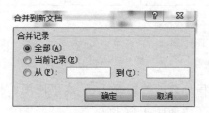

图 4-40 "合并到新文档"对话框

第 5 章

数据处理Excel 2010

目前,在金融、管理、统计、财经等领域已经广泛应用计算机软件实现数据处理、统计分析和辅助决策等功能。Excel 2010 是 Microsoft 公司开发的 Microsoft Office 2010 系列软件之一,使用者众多,能够轻松实现日常办公数据的格式化存储、计算和分析工作。本章首先介绍了 Excel 2010 的功能和特点,然后叙述了应用 Excel 2010 实现工作簿和工作表的创建与编辑,应用公式和函数进行统计计算,根据数据创建编辑图表以及数据分析与处理等操作的步骤和方法。Excel 2010 的工作流程和数据处理的方法,体现了信息时代数据共享和管理的基本思想,反映了数据信息化对提高工作效率和保证正确决策所起到的重要作用。

5.1 Excel 2010 概述

5.1.1 Excel 2010 软件介绍

Excel 2010 是 Microsoft Office 2010 中的电子表格程序。用户可以使用 Excel 2010 创建和编辑工作簿,跟踪数据,生成数据分析模型,编写公式对数据进行计算和分析,以多种方式透视数据,并以各种具有专业外观的图表来显示数据,从而支持业务决策。

Excel 2010 的基本功能如下所述。

(1)制作表格:编辑制作各类表格,利用公式对表格中的数据进行各种计算,对表格中的数据进行增、删、改、查找、替换和超链接,对表格进行格式化。

(2)制作图表:根据表格中的数据制作出柱形图、饼图、折线图等多种类型的图表,直观地表现数据和说明数据之间的关系。

(3)公式与函数:Excel 2010 提供的公式与函数功能大大简化了数据统计工作。

(4)数据管理:对表格中的数据进行排序、筛选、合并计算、分类汇总等操作,以便对数据进行查询和管理。

日常生活和工作中所用到的工资表、成绩表、调查表和统计表等表格都能通过 Excel 2010 进行制作,尤其对于那些数据量较大,且需要进行复杂统计分析和大量计算的数据,以及能够显示数据的表格更加适用。

5.1.2 Excel 2010 的操作界面

启动 Excel 2010 后,便可打开其操作界面,如图 5-1 所示。该界面主要由快速访问工具栏、功能选项卡、功能区、名称框、编辑框、状态栏等部分组成。

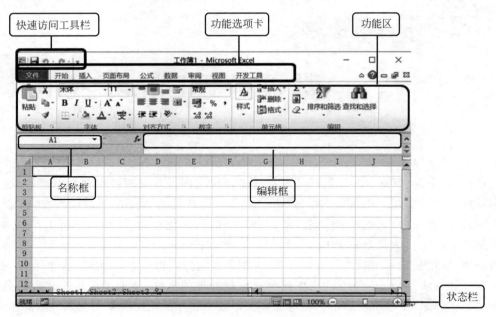

图 5-1　Excel 2010 的操作界面

1. 快速访问工具栏

快速访问工具栏位于 Excel 2010 的左上角。默认下有保存、撤销、恢复三个按钮,可以单击右侧的自定义快速访问工具栏下拉按钮添加其他按钮。

2. 功能选项卡

功能菜单栏位于快速访问工具栏下方,有文件、开始、插入、页面布局、公式、数据、审阅、视图、开发工具(默认情况下不显示,需要读者自行设置)共九个功能选项卡。

3. 功能区

功能区位于功能选项卡下方。当单击上方的选项卡就会出现相应的功能区。如单击"开始"选项卡,显示相应的功能区有剪贴板、字体、对齐方式、数字、样式、单元格和编辑功能组。

4. 编辑栏

Excel 2010 的编辑栏与 Excel 2003 的编辑栏相同。编辑栏的左侧是名称框,往右依次是取消、确定插入、插入函数和编辑框。

5. 行号、列标与单元格区域

Excel 2010 的行号、列标、单元格区域与 Excel 2003 版本的相同。单击行号,则可以选择整行;单击列标,则可以选择整列;单击行号列标的交叉位置,则可以选中整个表格。

6. 工作表标签名

默认情况下有三张工作表，分别命名 Sheet1、Sheet2、Sheet3，在 Sheet3 后面是插入工作表按钮，再往右是水平滚动条，表格右侧是垂直滚动条。

7. 状态栏

当在选中单元格数据时，状态栏会显示相应的信息，例如平均值、计数、求和。状态栏右侧是常用的视图类型，有普通、页面布局、分页预览、按比例缩放 4 种视图。

5.2　Excel 2010 基础

5.2.1　数据类型、数据输入和有效性

1. 常见数据类型

Excel 2010 中的数据类型很多，比较常见的数据类型如数值、文本、日期/时间和逻辑型等；还包括有规则的数据类型，如序列等。

单元格中常见的数据类型可分为文本型、数值型、日期/时间型和逻辑型。

（1）文本型：指汉字、英文，或由汉字、英文和数字组成的字符串。默认情况下，输入的文本会沿单元格左侧对齐。

（2）数值型：在 Excel 2010 中，数值型数据是使用最多，也是最为复杂的数据类型。数值型数据由数字 0～9、正号、负号、小数点、分数号"/"、百分号"％"、指数符号"E"或"e"、货币符号"￥"或"＄"和千位分隔号"，"等组成。当输入数值型数据时，Excel 2010 自动将其沿单元格右侧对齐。

（3）日期/时间型：Excel 2010 是将日期和时间视为数字来处理的，它能够识别出大部分以普通表示方法输入的日期和时间格式。

（4）逻辑型：是指"真（true）"和"假（false）"，Excel 2010 自动将其沿单元格居中对齐。

2. 数据输入

要在单元格中输入数据，只需单击要输入数据的单元格，然后直接输入数据即可；也可在单击单元格后，在编辑栏中输入数据，输入完毕后按 Enter 键或单击编辑栏中的"输入"命令☑确认。下面介绍一些特殊数据类型的输入方法。

（1）输入百分比数据：可以直接在数值后输入百分号"％"。

（2）输入负数：必须在数字前加一个负号"－"或给数字加上圆括号。

（3）输入分数：分数的格式通常为"分子/分母"。如果要在单元格中输入分数，应先输入"0"和一个空格，然后输入分数值。

（4）输入日期：用斜杠"/"或者"-"来分隔日期中的年、月、日。首先输入年份，然后输入 1～12 数字作为月，再输入 1～31 数字作为日。

（5）输入时间：在 Excel 2010 中输入时间时，可用冒号"："分开时间的时、分、秒，系统

默认输入的时间是 24 小时制的。

(6) 输入数字文本：这种文本型数值表面显示的是数字，其实是文本，如 001、身份证号。因为 Excel 2010 数值精度为 15 位，无法正确输入 18 位的身份证号，只能以文本方式输入身份证号。输入这种类型数值时，需要先输入西文撇号"'"，再输入数字，如"'001"；或者将"设置单元格格式"对话框中的"数字"选项卡中的"分类"设置为"文本"，这样在文本单元格格式中，可以将数字看作文本来处理，单元格显示的内容与输入内容完全一致。

3. 输入规则数据

选择起始单元格并输入数据，在填充方向的相邻单元格中输入序列的第 2 个值，然后用鼠标来选中这两个单元格；将鼠标光标移至该单元格区域右下角的填充柄上，使之变为"✚"形状，按住鼠标左键不放并拖曳鼠标，到目标单元格后释放鼠标即可。填充递增等差数列的效果如图 5-2 所示。

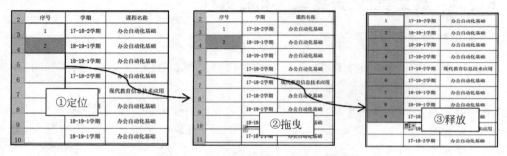

图 5-2　通过拖曳鼠标填充规则数据

4. 设置数据有效性

数据有效性是指对单元格或单元格区域输入的数据从内容到数量上的限制。对于符合条件的数据，会允许输入；对于不符合条件的数据，则禁止输入。这样就可以依靠系统检查数据的正确有效性，避免错误的数据输入，提高工作效率。

设置数据有效性的基本方法：选择设置数据有效性的单元格或单元格区域，单击"数据"→"数据工具"→"数据有效性"下拉按钮，弹出"数据有效性"对话框。在"设置"选项卡的"允许"下拉列表框中选择一个选项，对话框的内容将根据选择而显示相应的控件，根据具体要求输入数据，然后选择"输入信息"选项卡，在其中设定当用户选择单元格时的提示输入信息；最后选择"出错警告"选项卡，在其中设置当输入一个无效数据时的错误信息，单击"确定"按钮，如图 5-3 所示。

图 5-3　"数据有效性"对话框

【**例 5-1**】　在"统计表"中限定"职称"列的内容只能是教授、副教授、讲师、助教中的一个,并提供输入用下拉箭头。具体操作步骤如下所述。

（1）打开"统计表"文档,选择 O3 单元格。

（2）单击"数据"→"数据工具"→"数据有效性"下拉按钮,弹出"数据有效性"对话框。

（3）在"设置"选项卡的"允许"下拉列表框中选择"序列",在"来源"文本框中输入"教授,副教授,讲师,助教"（这里的逗号和引用是半角输入的）,设置完成后单击"确定"按钮,如图 5-4 所示。

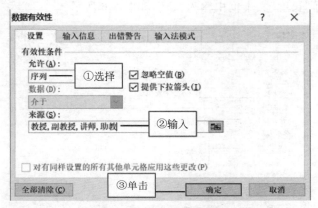

图 5-4　设置序列有效性条件

（4）选择 O3 单元格,单元格右侧会出现下拉按钮,单击该按钮将弹出下拉列表,如图 5-5 所示,可以选择其中的选项来完成输入。"职称"列的其他单元格内容可以利用填充柄拖曳来填充,然后在下拉列表框中选择其中的选项来完成输入。

系数	学时	总学时	教师姓名	职称
1.005	60	60.3	施培蓓	副教授
1.125	48	54.0	施培蓓	副教授
1.2	48	57.6	施培蓓	副教授
1.05	60	63.0	胡玉娟	副教授
1.1	64	70.4	胡玉娟	副教授
1.045	60	62.7	王璐	讲师
1.065	48	51.1	王璐	讲师

图 5-5　有效数据列表

【例 5-2】　在"统计表"中,检测"手机号码"列数据的有效性(正确的手机号码为 11 位长度的文本),当输入错误的位数时给出提示信息"您输入的位数有误,请重新输入!"。具体操作步骤如下所述。

(1) 打开"统计表"文档,选择"手机号码"列的数值区域。

(2) 单击"数据"→"数据工具"功能组中的"数据有效性"下拉按钮,弹出"数据有效性"对话框。

(3) 在"设置"选项卡的"允许"下拉列表框中选择"文本长度",在"数据"下拉列表框中选择"等于"选项,在"长度"文本框中输入"11",如图 5-6 所示。

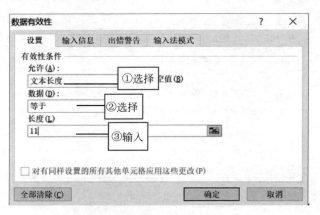

图 5-6　设置文本长度有效性条件

(4) 单击"出错警告"选项卡,在"样式"下拉列表框中选择"信息",在"错误信息"文本框中输入"您输入的位数有误,请重新输入!",单击"确定"按钮,如图 5-7 所示。

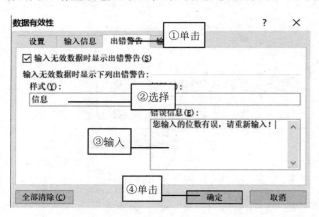

图 5-7　设置出错警告

(5) 选择"手机号码"列中任意单元格,在其中输入 16 个"1",按 Enter 键,将会弹出提示框,显示"您输入的位数有误,请重新输入!",如图 5-8 所示,单击"取消"按钮关闭该提示框。

5.2.2　修饰表格

为了 Excel 2010 更具专业和可读性,通常需要对其中的数据和表格进行修饰。

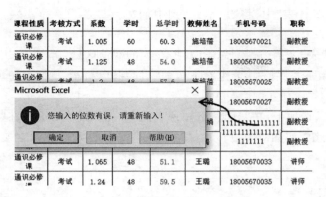

图 5-8　查看数据有效性

1. 设置数字格式

数字格式是指数字类型,如常规型、数值型、货币型、会计专用型、日期型、时间型、百分比型、分数型、科学记数型、文本型以及自定义类型的显示格式。通常在单元格中输入数据时,系统会根据输入的内容自动确定它们的类型、字体、大小、对齐方式等数字格式。用户也可以根据需要来设置单元格中的数字格式,以便阅读和提高数据的显示精度。

设置数字格式的基本方法如下:选择需要设置数字格式的单元格或者单元格区域,单击"开始"→"数字"功能组右下角的"对话框启动器"下拉按钮,弹出"设置单元格格式"对话框。单击"数字"选项卡,在"分类"下拉列表框中选择数据的类型,在右侧打开的对应区域设置具体的参数,单击"确定"按钮,如图 5-9 所示。

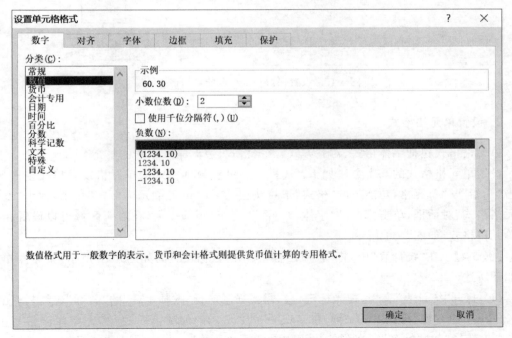

图 5-9　设置数字格式

【例5-3】 在"统计表"中,将"总学时"列中的数值显示为一位小数。具体操作步骤如下所述。

(1) 打开"统计表"文档,选择"总学时"所在列的数值区域。

(2) 单击"开始"→"数字"功能组右下角的"对话框启动器"下拉按钮,弹出"设置单元格格式"对话框。

(3) 单击"数字"选项卡,在"分类"下拉列表框中选择"数值"选项,在"小数位数"中输入"1",单击"确定"按钮,如图5-10所示。"总学时"列中的数值都自动变成了设置的数字格式。

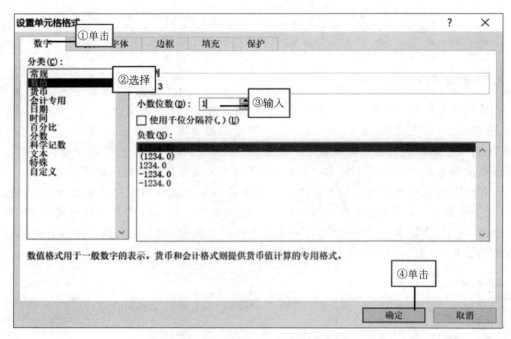

图5-10　设置保留一位小数的数据格式

2. 设置单元格格式

单元格格式包括字体格式、对齐方式、数据格式、边框样式和颜色填充等。

设置单元格格式的基本方法如下:选择需要设置数据格式的单元格或者单元格区域,单击"开始"→"单元格"功能组的"格式"下拉按钮,选择"设置单元格格式"命令,弹出"设置单元格格式"对话框,单击"对齐""字体""边框""填充"等选项卡,在对应区域可以设置相应的单元格格式,如图5-11所示。

【例5-4】 在"统计表"中,将"教师姓名"列中的数据设置为如图5-12所示,具体操作步骤如下所述。

(1) 打开"统计表"文档,把光标定位在需要强制换行"教师姓名"的"教师"位置后,先按Alt+Enter组合键,再按Enter键,将实现图5-12所示的强制换行。

(2) 选择"教师姓名"所在列的数值区域,单击"开始"→"单元格"功能组的"格式"下拉按钮,选择"设置单元格格式"命令,弹出"设置单元格格式"对话框,单击"对齐"选项卡,在

图 5-11 "设置单元格格式"对话框

"文本对齐方式"的"水平对齐"下拉列表框中选择"分散对齐(缩进)"命令,单击"确定"按钮,如图 5-13 所示。"教师姓名"列中的数值都自动变成了刚才设置的对齐方式。

3. 套用表格样式

Excel 2010 中提供了大量预先设置好的表格样式,包括字体大小、填充图案和对齐方式等,可以快速地对工作表进行格式化,使表格变得美观大方。系统预定义了 17 种表格样式。

如果要为某个数据区域的表格套用预置样式,基本方法如下:选择该数据区域,单击"开始"→"样式"功能组中的"套用表格格式"下拉按钮,在展开的列表框中选择一种样式,如图 5-14 所示。

如果需要自定义样式,则在展开的列表框中选择"新建表样式"命令,弹出"新建表快速样式"对话框,在其中的"名称"文本框中输入新样式的名称,单击"格式"按钮,如图 5-15 所示,弹出"设置单元格格式"对话框,在其中设置样式的格式,设置完成以后,单击"确定"按钮,回到"新建表快速样式"对话框,再单击"确定"按钮,新建样式完成。此时单击"套用表格样式"下拉按钮,新建的样式将显示在列表框的"自定义"栏中,如图 5-16 所示。

教师姓名
施培蓓
施培蓓
施培蓓
胡玉娟
胡玉娟
王 璐
王 璐
王 璐
贾 璐
贾 璐
陈 静

图 5-12 设置强制换行
与对齐方式

4. 使用主题

Excel 2010 中的主题功能能够改变 Excel 的外观,可以非常快速、便捷地为用户提供一个格式一致、美观的文档。

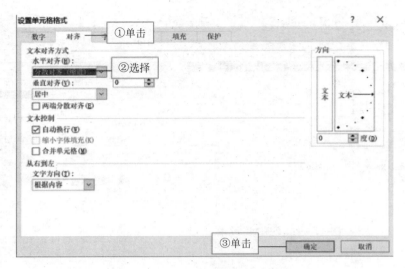

图 5-13　设置对齐方式

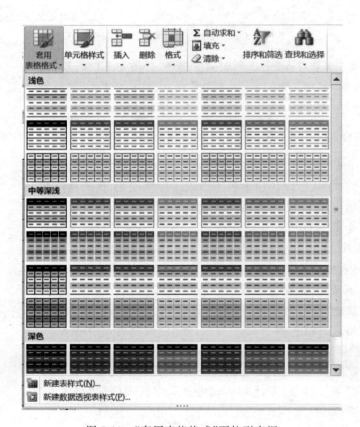

图 5-14　"套用表格格式"下拉列表框

　　设置主题的基本方法如下：单击"页面布局"→"主题"功能组中的"主题"下拉按钮,在弹出的下拉列表框的"内置"栏中选择一种主题样式,即可为工作表设置相应的主题。在"主

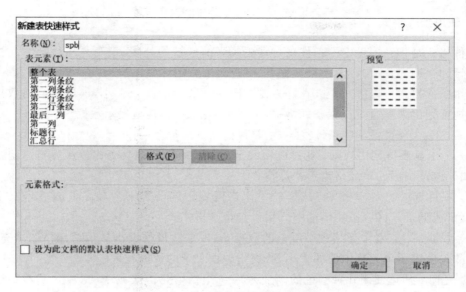

图 5-15　"新建表快速样式"对话框

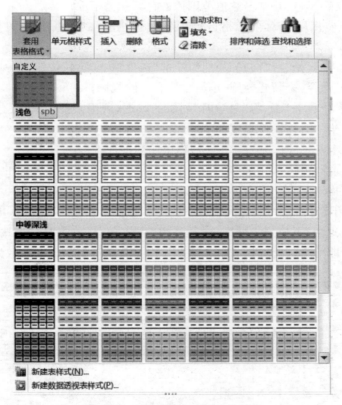

图 5-16　查看新建表格样式的效果

题"功能组中单击"颜色""字体"或"效果"下拉按钮,在弹出的下拉列表框中选择相应的选项,可以设置表格的颜色、字体样式或显示效果。

5．使用条件格式

条件格式是指利用设定的条件来自动更改当前区域的外观，用于突出显示单元格或单元格区域和强调异常值，以及使用数据条、颜色刻度或图标集来显示数据。

使用条件格式可以按照个人喜好去设定同一类数字的颜色大小，这样就会使数据能够被特殊地标记出来。通过设置条件格式，可以更加形象、直观地展示数据。

Excel 2010 预置了一些条件格式，主要包括以下 5 种。

（1）突出显示单元格规则：通过使用大于、小于、等于和包含等比较运算符限定数据范围，对属于该范围内的单元格设置特殊格式。

（2）项目选区规则：可以将选择的单元格区域中的前若干个最高值或后若干个最低值，以高于或低于该区域平均值的单元格设置特殊格式。

（3）数据条：查看单元格中带颜色的数据条，根据数值的大小显示单元格的填充颜色，数据条的长度表示单元格中值的大小，数据条越长表示的数值越大。

（4）色阶：通过使用几种颜色的渐变效果来比较单元格区域中的数据，基本是根据平均值来划分数值的颜色，一般大于平均值的数据为一种颜色，平均值为另一种颜色，小于平均值的数据为第三种颜色，在某个数值范围内的色阶相差不大。

（5）图标集：使用图标对单元格区域中的数据进行注释，每一个图标代表一个值的范围。

另外，可以单击"开始"→"样式"功能组中的"条件格式"下拉按钮，在弹出的下拉列表框中选择"管理规则"命令，来新建规则、编辑规则和清除规则。

【例 5-5】　在"统计表"中，将"总学时"列中的数据，利用条件格式"红色文本"标记总学时大于 55 的单元格。具体操作步骤如下所述。

（1）打开"统计表"文档，选择"总学时"列中的数据区域。

（2）单击"开始"→"样式"功能组中的"条件格式"下拉按钮，在弹出的下拉列表框中选择"突出显示单元格规则"命令，在弹出的子列表中选择"大于"命令。

（3）弹出"大于"对话框，在"为大于以下值的单元格设置格式"文本框中设置标准值，这里输入 55；在"设置为"下拉列表框中选择"红色文本"命令，单击"确定"按钮，如图 5-17 所示。返回工作表，即可看到所选择的单元格区域内符合条件的单元格显示为红色文本。

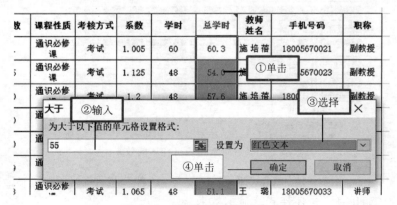

图 5-17　使用预置的条件格式

【例5-6】 在"统计表"中,将"人数"列中的数据,利用条件格式进行如下设置:人数不少于80的所在的单元格以红色填充。具体操作步骤如下所述。

(1)打开"统计表"文档,选择"人数"列中的数据区域。

(2)单击"开始"→"样式"功能组中的"条件格式"下拉按钮,在弹出的下拉列表框中选择"新建规则"命令。

(3)弹出"新建格式规则"对话框,在"选择规则类型"列表框中选择"只为包含以下内容的单元格设置格式"命令;在"编辑规则说明"栏的"只为满足以下条件的单元格设置格式"的左、中、右下拉列表框中,分别选择"单元格值""大于或等于",以及输入80;单击"格式"按钮,设置填充色为红色,单击"确定"按钮,如图5-18所示。返回工作表,即可看到所选择的单元格区域内符合条件的单元格显示为红色填充。

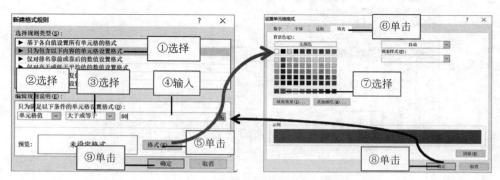

图5-18 使用新建格式规则的条件格式

5.2.3 保护工作簿和工作表

表格中如果有比较重要的数据,不能让其他人看到或修改,可以通过为工作簿或工作表设置密码的方式进行保护。

1. 保护工作簿

对于工作簿的保护操作只针对工作簿的结构和窗口进行保护,而无法保护其中的数据。

保护工作簿的基本方法如下:打开需要保护的工作簿,选择"审阅"→"更改"功能组中的"保护工作簿"命令,弹出"保护结构和窗口"对话框,选择"结构"和"窗口"复选框,然后在"密码"文本框中输入密码,最后单击"确定"按钮,如图5-19所示,然后在弹出的对话框中输入确认密码。

另外,如果不为保护工作簿设置密码,则任何人都可以取消工作簿的保护。

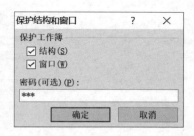

图5-19 "保护结构和窗口"对话框

2. 保护工作表

保护工作表是对工作表中所有单元格进行锁定,防止其他人修改该表的格式和内容。

【例5-7】 对"统计表"工作簿中的"公共课"工作表设置密码123456,具体操作步骤如下所述。

（1）打开"统计表"文档，单击"公共课"工作表，选择"审阅"→"更改"功能组中的"保护工作表"命令。

（2）弹出"保护工作表"对话框，选择"保护工作表及锁定的单元格内容"复选框；在"取消工作表保护时使用的密码"文本框中输入密码 123456；在"允许此工作表的所有用户进行"列表框中进行操作设置，这里选择默认设置，单击"确定"按钮；弹出"确认密码"对话框，在"重新输入密码"文本框中再次输入密码 123456，单击"确定"按钮，如图 5-20 所示，完成保护工作表的操作。

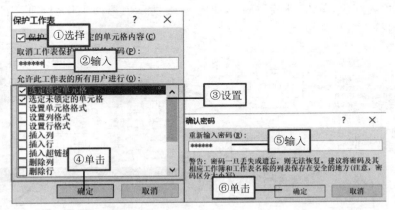

图 5-20　"保护工作表"对话框

（3）如果要取消保护工作表，选择"审阅"→"更改"功能组中的"撤销保护工作表"命令，在弹出的"撤销工作表保护"对话框中的"密码"文本框中输入设置的保护密码，单击"确定"按钮，即可取消工作表保护，如图 5-21 所示。

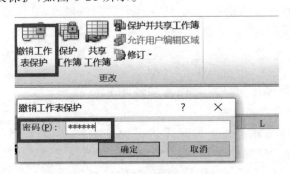

图 5-21　撤销保护工作表

5.3　公式和函数

5.3.1　Excel 2010 公式的基础

Excel 2010 除了可以输入并编辑数据以外，更强大且受青睐的功能在于对表格的计算，公式是实现这一功能的最有效的工具。公式是进行计算和分析的运算表达式，它可以对数据进行加、减、乘、除等运算,也可以对文本进行比较等运算。

1．标准公式

在 Excel 2010 中,公式遵循一个特定的语法:最前面是等号"=",后面是用运算符把常数、函数、单元格引用等连接起来。

标准公式的形式为"=操作数和运算符"。

(1) 操作数为具体引用的单元格、区域名、区域、函数和常数。

(2) 运算符表示执行哪种运算,Excel 中的运算符与数学上的运算符类似,常用的有算术运算符(加号"+"、减号或负号"−"、乘号"*"、除号"/"、乘方"^")、字符连接符"&"、关系运算符(等于"="、不等于"<>"、大于">"、大于或等于">="、小于"<"、小于或等于"<=")和括号"()"等。

2．公式的基本操作

公式的基本操作主要包括输入、修改、删除、复制和填充等。

1) 输入公式

在 Excel 2010 中输入公式的方法与输入普通数据的方法类似。方法为:选择要输入公式的单元格,输入等号"=",在英文状态下依次输入公式需要的内容,最后按 Enter 键或单击编辑框的"输入"按钮结束。

要想正确输入 Excel 公式,必须要谨记以下 4 点。

(1) 公式必须以"="开始:不管是单纯的公式还是更高级的函数使用,都需要以"="为开始标记。否则,所有的公式只是字符,而不能完成计算功能。

(2) 准确使用单元格:公式中用到的数据单元格名称要看清楚,A、B、C、D 是列号,1、2、3、4、5、6 是行号。

(3) 正确使用函数:使用函数时可以自己输入也可使用插入函数的方法,但函数名不可以有拼写错误。

(4) 公式以按 Enter 键结束输入:以"="开始,以按 Enter 键结束是公式最基本的要求,千万不能在公式输入完毕后没有按 Enter 键的情况下单击操作,这将使公式遭到破坏。

2) 编辑公式

编辑公式主要包括修改公式、移动公式、复制公式、删除公式和填充公式等。下面主要介绍一下填充公式。填充公式是指选择公式所在的单元格,通过拖曳单元格右下角的填充柄,对公式进行复制填充。

3．公式中的引用

在公式中通过对单元格地址的引用来使用具体位置的数据。根据引用情况的不同,将引用分为相对引用、绝对引用和混合引用。

1) 相对引用

当公式移动后,会根据移动的目标位置,自动将公式中引用的单元格地址变为相对目标位置的地址。相对引用如图 5-22 所示。在 L3 单元格中输入公式"=K3*J3",将 L3 的公式复制到 L4,其引用的单元格地址也发生了如编辑栏所示的变化。注意行号和列标的变化与公式复制、移动位置的关系。

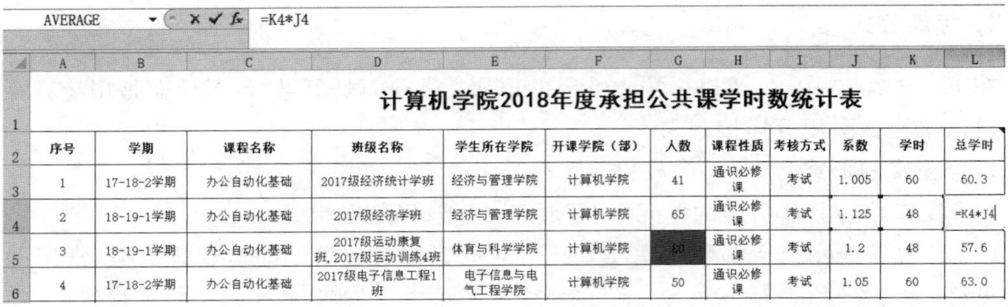

图 5-22   相对引用公式复制

2）绝对引用

在行号前和列标前都加上符号"＄"，如"＄A＄1、＄B＄2、＄C＄3：＄F＄5"就是绝对引用。在公式中采用绝对引用，当复制、移动公式时，公式中引用的单元格的地址是不发生变化的，如公式"＝＄K＄3＊＄J＄3"，不论复制、移动到什么位置，其引用的单元格还是 K3 和 J3。

3）混合引用

混合引用是指在单元格引用时既有相对引用，也有绝对引用，如"＄A1"表示列是绝对引用，行是相对引用。换言之，在公式复制、移动之后，行号会根据目标位置的变化而变化。

5.3.2   Excel 2010 中的函数

函数是 Excel 2010 中预定义的内置公式。在实际工作中，使用函数对数据进行计算比设计公式更为便捷。Excel 2010 自带了很多函数，包括常用函数、财务函数、时间与日期函数、统计函数、查找引用函数等，用于帮助用户进行复杂的计算或处理工作。

函数的一般格式为：

函数名(参数 1，参数 2，…)

1. 常用的函数

（1）Sum：用于对数值求和，是数字数据的默认函数。

（2）Average：用于求数值的平均值。

（3）Max：用于求最大值。

（4）Min：用于求最小值。

（5）Count：用于统计数据值的数量。Count 是除了数字型数据以外其他数据的默认函数。

（6）Countif：用于指定区域中符合指定条件的单元格计数。

该函数的语法规则为：

Countif(range,criteria)

其中，参数 range 要计算其中非空单元格数目的区域；参数 criteria：是以数字、表达式或文本形式定义的条件。

例如，在 A1 单元格中输入公式"＝Countif(数据区，"＞50")"，求大于 50 的单元格个数；在 A1 单元格中输入公式"＝Countif(数据区，"＜＝50")"，是求小于或等于 50 的单元格个数；在 A1 单元格中输入公式"＝Countif(数据区，"<"&＄E＄5)"，是求小于 E5 单元格的值的单元格个数。

(7) Rank：用于求排名。求某一个数值在某一区域内的排名。

该函数的语法规则为：

Rank(number,ref,[order])

其中，number 为需要求排名的那个数值或者单元格名称（单元格内必须为数字）；ref 为排名的参照数值区域；order 的值为 0 和 1，默认值为 0 不用输入，得到的就是由大到小的排名，若是想得到由小到大的排名，请将 order 的值设为 1。

例如，A 列从 A1 单元格起，依次有数据 80、98、65、79、65。在 B1 中编辑公式"＝Rank(A1，＄A＄1：＄A＄5,0)"，按 Enter 键确认后，向下复制公式到 B5 单元格。效果：从 B1 单元格起依次返回值为 2、1、4、3、4。

如果在 C1 中编辑公式"＝Rank(A1，＄A＄1：＄A＄5,1)"，按 Enter 键确认后，向下复制公式到 B5 单元格。此时，从 C1 单元格起依次返回的值是 4、5、1、3、1。

(8) IF：用于指定要执行的逻辑检验。执行真假值判断，根据逻辑计算的真假值返回不同结果。

2．函数嵌套使用

Excel 中函数可以嵌套使用。下面以 If 函数的嵌套为例，进行介绍。

1) If 函数功能

如果指定条件的计算结果为 true，If 函数将返回某个值；如果该条件的计算结果为 false，则返回另一个值。

2) 格式

IF(logical_test,value_if_true,value_if_false)

logical_test：必需，表示计算结果可能为 true 或 false 的任意值或表达式。

value_if_true：可选，logical_test 参数的计算结果为 true 时所要返回的值。

value_if_false：可选，logical_test 参数的计算结果为 false 时所要返回的值。

例如，在单元格 C2 中显示学生成绩等级。如果记录学生成绩的单元格 B2 大于或等于 60，判定该学生成绩等级为及格，否则为不及格。在单元格 C2 中输入公式"＝IF(B2>=60，"及格"，"不及格")"。现在添加一个成绩等级，学生成绩大于或等于 90 分时，其等级为优秀；学生成绩大于或等于 60 分时，等级为及格；学生成绩小于 60 分时，等级为不及格，此时在单元格 C2 中输入公式"＝IF(B2>=60，"及格"，"不及格")"，如图 5-23 所示。

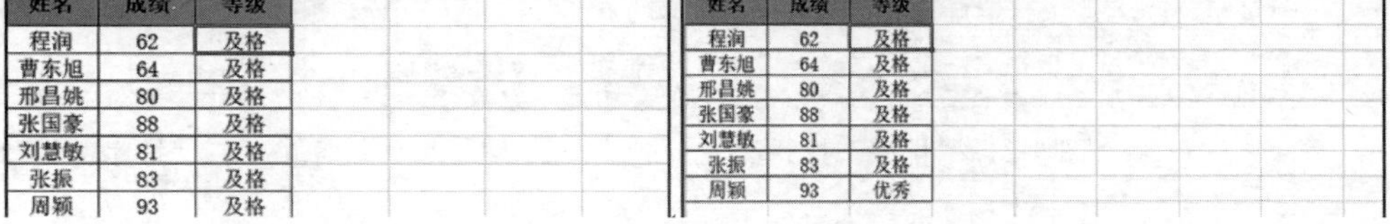

图 5-23 IF 函数的嵌套使用

5.4　数据分析与处理

5.4.1　数据排序

Excel 2010 具备很多数据分析与处理的功能,最常用的就是通过对表格的组织、管理,实现数据的排序、筛选、汇总或统计等操作。在进行数据分析与处理之前,首先要使数据规则化,及表格要满足以下要求:数据列表要有标题行;列表是矩形区域,每一列的数据类型一致,数据表是行和列不能再分的二维表。

数据排序是将工作表中的一列或多列按升序或者降序方式排列,将无序数据变为有序数据的过程。排序的依据是关键字,关键字可以有多个。主要排序方法有两种:单字段排序和多字段排序。

1. 单字段排序

选择需要进行排序的数据列中的任一单元格,选择"数据"→"排序和筛选"功能组中的"升序"或"降序"命令。注意,不要选中部分区域,然后进行排序,这样会出现记录数据混乱。

例如,"工作量统计表"可以按照"学期"重新排列。

2. 多字段排序

多个字段排序是当主要关键字的数值相同时,按照次要关键字的次序进行排列,次要关键字的数值相同时,按照第三关键字的次序排列。

选择需要进行排序的数据区域中任一单元格,选择"数据"→"排序和筛选"功能组中的"排序"命令,弹出"排序"对话框,选定主要关键字以及排序的次序后,可以设置"次要关键字"和"第三关键字"以及排序的次序,如图 5-24 所示。

单击"选项"按钮,弹出"排序选项"对话框,可以区分大小写,按行排序、笔画排序等复杂排序,如图 5-25 所示。数据表的字段名不参加排序,应选择"数据包含标题"单选框;没有字段名行,应取消选择"数据包含标题"单选框。

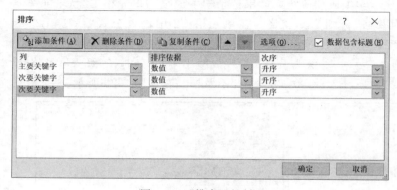

图 5-24　"排序"对话框

图 5-25　"排序选项"对话框

例如，"工作量统计表"首先考虑按"学期"进行排序，如果学期相同，则要看"课程名称"，如果"课程名称"相同，则再看"班级名称"，如图 5-26 所示。根据这个规则，借助 Excel 2010 的"排序"对话框可以很方便地得到结果。

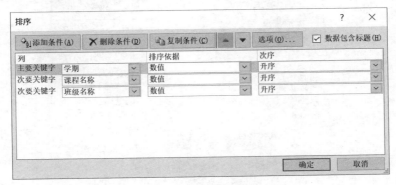

图 5-26　多字段排序

5.4.2　数据筛选

数据筛选是 Excel 2010 中用于浏览和编辑数据的有力工具。利用数据筛选，可以在数据表中仅仅显示满足筛选条件的数据记录，以便有效地缩减数据范围，提高工作效率。例如，可以在成绩登记表中将考试成绩不及格的记录挑选出来；也可以从职工档案表中将学院为"计算机学院"的记录查出来；还可以从工资表中将"基本工资小于 4000"的记录筛选出来。

Excel 2010 提供了两种数据筛选工具：自动筛选和高级筛选。

1）自动筛选

自动筛选支持用户按照某一个数据列的内容筛选显示数据。

例如，在"工作量统计表"中，现在要将其中学期为"17-18-2 学期"并且"总学时大于 70"的记录筛选出来。具体操作步骤如下所述。

（1）单击工作表中的任何一个单元格，选择"数据"→"排序和筛选"功能组中的"筛选"命令，此时可以看到每列的列标题右侧多出来一个下拉箭头，如图 5-27 所示。

序号	学期	课程名称	班级名称	学生所在学院	开课学院（部）	人数	课程性质	考核方式	系数	学时	总学时	教师姓名	手机号码	职称
1	17-18-2学期	办公自动化基础	2017级经济统计学班	经济与管理学院	计算机学院	41	通识必修课	考试	1.005	60	60.3	施培蓓	18005670021	副教授
2	18-19-1学期	办公自动化基础	2017级经济学班	经济与管理学院	计算机学院	65	通识必修课	考试	1.125	48	54.0	施培蓓	18005670023	副教授
3	18-19-1学期	办公自动化基础	2017级运动康复班,2017级运动训练4班	体育与科学学院	计算机学院	80	通识必修课	考试	1.2	48	57.6	施培蓓	18005670025	副教授

图 5-27　自动筛选的入口和条件选择

（2）在"学期"旁的下拉菜单中取消选择"全选"命令，再选择"17-18-2 学期"。这时，不满足筛选条件的记录就会被隐藏。

（3）先要将"17-18-2 学期"中"总学时大于 70"的记录筛选出来，就需要再对"总学时"这一列进行筛选，在"总学时"旁的下拉菜单中选择"数字筛选"命令，并且在子菜单中选择"大于"选项，如图 5-28 所示。

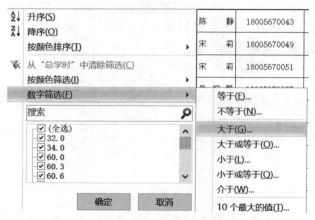

图 5-28 "数字筛选"选项

（4）弹出"自定义自动筛选方式"对话框，在"总学时"选项区域内输入"70"，单击"确定"按钮，筛选出学期为"17-18-2 学期"并且"总学时"大于 70 的条件的记录，如图 5-29 所示。这样就实现了在不同列上的组合筛选。

但是如果要实现"或"组合筛选，该怎么实现呢？例如，在"工作量统计表"中，要将学期为"17-18-2 学期"或者"总学时大于 70"的记录筛选出来，该如何实现呢？

图 5-29 "自定义自动筛选方式"对话框

2）高级筛选

当需要进行复杂条件筛选时，自动筛选显然无法满足筛选要求。在这种情况下，应通过指定针对各个数据列的不同逻辑条件，来实现对当前数据的高级筛选。

例如，在"工作量统计表"中，现在要将学期为"17-18-2 学期"或"总学时大于 70"的记录筛选出来，具体操作步骤如下所述。

（1）构建条件区域

在数据表的空白位置创建一个数据列的筛选条件，如图 5-30 所示。

图 5-30　构建条件区域

（2）选择数据表区域

单击工作表中的任何一个单元格，选择"数据"→"排序和筛选"功能组中的"高级"命令，此时会弹出"高级筛选"对话框，同时自动选择了数据表区域"＄A＄1：＄O＄59"，如

图 5-31 所示。

（3）选择条件区域

在"高级筛选"对话框中，选择"将筛选结果复制到其他位置"单选框，单击"条件区域"右侧 ![] 按钮，选择"条件区域"为"V2：W4"，此时文本框中自动加入了"＄V＄2：＄W＄4"；再单击"复制到"右侧的 ![] 按钮，选择单元格"A70"，此时文本框中自动加入了"公共课！＄A＄70"，如图 5-32 所示。

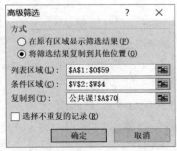

图 5-31 "高级筛选"对话框　　　　图 5-32 选择条件区域

单击"确定"按钮，即可在以 A70 为起始的单元格区域得到筛选结果，如图 5-33 所示。

序号	学期	课程名称	班级名称	学生所在学院	开课学院(部)	人数	课程性质	考核方式	系数	学时	总学时	教师姓名	手机号码	职称
1	17-18-2学期	办公自动化基础	2017级经济统计学班	经济与管理学院	计算机学院	41	通识必修课	考试	1.005	60	60.3	施 培 蓓	18005670021	副教授
4	17-18-2学期	办公自动化基础	2017级电子信息工程2班	电子信息与电气工程学院	计算机学院	50	通识必修课	考试	1.05	60	63.0	胡 玉 娟	18005670027	副教授
5	17-18-2学期	现代教育信息技术应用	2017级化学(师范)班	化学与化学工程学院	计算机学院	60	通识必修课	考试	1.1	64	70.4	胡 玉 娟	18005670029	副教授
6	17-18-2学期	办公自动化基础	2017电子信息工程2班	电子信息工程学院	计算机学院	49	通识必修课	考试	1.045	60	62.7	王 璐	18005670031	副教授
9	17-18-2学期	办公自动化基础	2017级生物技术(B)1班	生命科学学院	计算机学院	44	通识必修课	考试	1.02	60	61.2	贾 璐	18005670037	讲师
11	17-18-2学期	办公自动化基础	2017材料科学与工程班	化学与化学工程学院	计算机学院	55	通识必修课	考试	1.075	60	64.5	陈 静	18005670041	讲师
12	17-18-2学期	现代教育信息技术应用	2017生物科学范	生命科学学院	计算机学院	57	通识必修课	考试	1.085	64	69.4	陈 静	18005670043	讲师
14	18-19-1学期	现代教育信息技术应用	2017级音乐学师范1.2班	音乐学院	计算机学院	73	通识必修课	考试	1.165	64	74.6	陈 静	18005670047	讲师
15	17-18-2学期	现代教育信息技术应用	2017英语(专升本)1班	外国语学院	计算机学院	32	通识必修课	考试	1	32	32.0	宋 莉	18005670049	讲师
16	17-18-2学期	现代教育信息技术应用	2017英语(专升本)3班	外国语学院	计算机学院	32	通识必修课	考试	1	32	32.0	宋 莉	18005670051	讲师
19	17-18-2学期	现代教育信息技术应用	2017级数学与应用数学(师范)2班	数学与统计学院	计算机学院	62	通识必修课	考试	1.11	64	71.0	吴 婉 婷	18005670057	讲师
20	17-18-2学期	办公自动化基础	2017级金融工程班	数学与统计学院	计算机学院	50	通识必修课	考试	1.05	60	63.0	吴 婉 婷	18005670059	讲师
23	17-18-2学期	办公自动化基础	2017生物科学3班	生命科学学院	计算机学院	20	通识必修课	考试	1	60	60.0	谢 超	18005670065	讲师
25	18-19-1学期	现代教育信息技术应用	2017音乐学师范3班、英语师范3班	音乐学院外国语学院	计算机学院	78	通识必修课	考试	1.19	64	76.2	谢 超	18005670069	讲师

图 5-33 高级筛选的结果

这样就实现了一种在不同列上的"或"组合筛选。如果要利用高级筛选实现不同列上的"与"组合筛选，在步骤 1 构建条件区域时有所不同，如图 5-34 所示，其他步骤（如选择数据表区域、选择条件区域）类似。

班级名称	学生所在学院	开课学院(部)	人数	课程性质	考核方式	系数	学时	总学时	教师姓名	手机号码	职称		学期	总学时
2017级经济统计学班	经济与管理学院	计算机学院	41	通识必修课	考试	1.005	60	60.3	施 培 蓓	18005670021	副教授			
2017级经济学班	经济与管理学院	计算机学院	65	通识必修课	考试	1.125	48	54.0	施 培 蓓	18005670023	副教授		17-18-2学期	>70
2017级运动康复班、2017级运动训练4班	体育与科学学院	计算机学院	80	通识必修课	考试	1.2	48	57.6	施 培 蓓	18005670025	副教授			

图 5-34 构建"条件与"

5.4.3 分类汇总与分级显示

分类汇总是指按某一字段汇总有关数据，例如按照部门汇总工资，按照班级汇总成绩等。分类汇总必须先分类,即按某一字段排序,把同类数据放在一起,然后再进行求和、最大值、最小值、乘积等。

例如,在"工作量统计表"中,统计各个学期学生人数的总和。具体操作步骤如下所述。

(1)对"学期"数据列按照升序或降序进行排序处理。

(2)选择"数据"→"分级显示"→"分类汇总"命令,弹出"分类汇总"对话框,在"分类字段"下拉列表框中选择"学期"选项,在"汇总方式"下拉列表框选择"求和"命令,在"选定汇总项"下拉列表框选择"人数"命令,如图5-35所示。

(3)得到的分类汇总如图5-36所示。应用数据表左侧分类汇总显示的标识,可以得到分类汇总的显示结果。单击"＋/－"按钮,即可调整到所需要的显示状态。

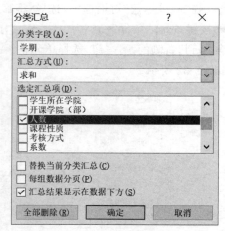

图5-35　"分类汇总"对话框

1 2 3		A	B	C	D	E	F	G	H	I	J	K	L	M	N	O
	1	序号	学期	课程名称	班级名称	学生所在学院	开课学院(部)	人数	课程性质	考核方式	系数	学时	总学时	教师姓名	手机号码	职称
+	28		17-18-2学期汇总					1194								
+	61		18-19-1学期汇总					2029								
-	62		总计					3223								
	63															

图5-36　分类汇总压缩演示结果

5.5　数据图表的设计

5.5.1　Excel 2010 中的图表

Excel 2010 中的图表能够清晰直观地表达数据间的关系。Excel 2010 提供 11 种展示方式,如图5-37所示。每一种图表类型含有若干种子类型,用户可以根据数据实际需求,选择和使用不同的图表类型。

5.5.2　图表的基本操作

1. 创建图表

Excel 2010 图表的创建方式简洁、清晰,在创建过程中是以所见即所得的方式,随时调整图表类型,最终得到能够突出说明问题的图表表示类型。

例如,在"工作量统计表"中,创建 17-18-2 学期"现代教育信息技术应用"课程的班级人数的图表。具体操作步骤如下所述。

(1)对"学期""课程名称"数据列分别按照升序、降序进行排序处理,如图5-38所示。

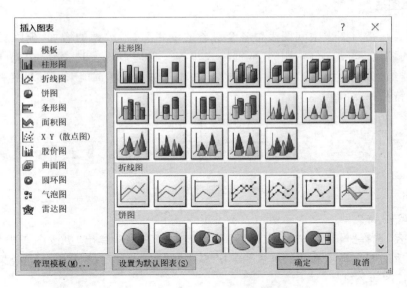

图 5-37　Excel 2010 图表类型

序号	学期	课程名称	班级名称	学生所在学院	开课学院（部）	人数	课程性质	考核方式	系数	学时	总学时	教师姓名	手机号码	职称
5	17-18-2学期	现代教育信息技术应用	2017级化学(师范)班	化学与化学工程学院	计算机学院	60	通识必修课	考试	1.1	64	70.4	胡玉娟	18005670029	副教授
12	17-18-2学期	现代教育信息技术应用	2017生物科学师范	生命科学学院	计算机学院	57	通识必修课	考试	1.085	64	69.4	陈静	18005670043	讲师
15	17-18-2学期	现代教育信息技术应用	2017级英语（专升本）1班	外国语学院	计算机学院	32	通识必修课	考试	1	32	32.0	宋莉	18005670049	讲师
16	17-18-2学期	现代教育信息技术应用	2017级英语（专升本）3班	外国语学院	计算机学院	32	通识必修课	考试	1	32	32.0	宋莉	18005670051	讲师
19	17-18-2学期	现代教育信息技术应用	2017级数学与应用数学(师范)2班	数学与统计学院	计算机学院	62	通识必修课	考试	1.11	64	71.0	吴筱翰	18005670057	讲师
36	17-18-2学期	现代教育信息技术应用	2017级英语（专升本)2班	外国语学院	计算机学院	31	通识必修课	考查	1	32	32.0	江慧	18005670091	讲师
54	17-18-2学期	现代教育信息技术应用	2017级数学与应用数学(师范)1班	数学与统计学院	计算机学院	61	通识必修课	考试	1.105	64	70.7	张娜	18005670127	讲师
43	17-18-2学期	计算机基础2	2017民族预科班	经济管理学院	计算机学院	56	通识必修课	考查	1	34	34.0	钱言玉	18005670105	副教授
1	17-18-2学期	办公自动化基础	2017级经济统计学班	经济与管理学院	计算机学院	41	通识必修课	考试	1.005	60	60.3	笛培蓓	18005670021	副教授

图 5-38　排序后的数据表

（2）选择需要创建图表的数据区域"D1：D8"和"G1：G8"，单击"插入"→"图表"→"柱形图"的下拉按钮，选择"簇状柱形图"命令，插入图表。簇状柱形图，如图 5-39 所示。

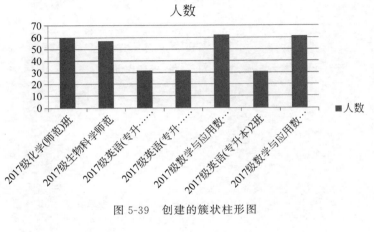

图 5-39　创建的簇状柱形图

2．编辑图表

编辑图表是指对图表中和图表中各个对象的编辑，包括数据的增加、删除，图表类型的更改，图表的缩放、移动、复制、删除、数据格式化等。当选中图表时，窗口功能区会显示"图表工具"功能组，分别为"设计"选项卡、"布局"选项卡和"格式"选项卡，可以根据需要选择相应的按钮进行操作，如图 5-40 所示。

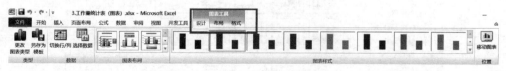

图 5-40 "图表工具"的三个选项组

（1）更改图表类型

选中图表，选择"设计"→"类型"→"更改图表类型"命令，弹出"更改图表类型"对话框，选择一个合适的图表类型和图表样式，单击"确定"按钮后即可看到更改后的效果。

（2）设置图表格式

设置图表格式是指对图表中各个对象进行文字、颜色、外观等格式的设置。双击需要进行格式设置的图表对象，如双击绘图区，弹出"设置绘图区格式"对话框进行设置即可。

第6章
演示文稿PowerPoint 2010

目前,计算机软件制作演示文稿已在教育培训、学术报告、会议演讲、产品发布、商业宣传、广告宣传等领域广泛使用,用于向大众阐述观点、传递信息。PowerPoint 2010 是 Microsoft 公司开发的 Microsoft Office 2010 系列软件之一,可以方便地创建和编辑幻灯片、备注、讲义和大纲等多种演示文稿,以便在计算机屏幕或投影板上播放。本章将详细介绍 PowerPoint 2010 演示文稿的功能和特点,演示文稿的编辑与修饰、交互设置、放映与共享,并通过案例的讲解和实训操作,把知识融入到任务中,从而让读者能够熟练操作演示文稿。

6.1　PowerPoint 2010 概述

6.1.1　PowerPoint 2010 软件介绍

通过 PowerPoint 2010,用户可以使用文本、图表、图像、声音、视频、动画等设计具有视觉震撼力的演示文稿。用 PowerPoint 2010 制成的幻灯片可以用于大屏幕投影仪演示,也可以用于网络会议交流。

PowerPoint 2010 提供了新增和改进的工具,可使演示文稿更具感染力。

在 PowerPoint 2010 中插入和编辑视频后,可以添加淡化、格式效果、书签场景并剪裁视频。

PowerPoint 2010 可以更高效地组织和打印幻灯片。使用幻灯片节可以轻松地组织和导航幻灯片。将一个演示文稿分为多个逻辑幻灯片组,还可以重命名幻灯片节以帮助管理内容,或者只打印一个幻灯片节。

PowerPoint 2010 新增了切换和动画效果,提供了全新的动态幻灯片切换和动画效果,可以轻松地访问、预览、自定义和替换动画,还可以使用新增的动画轻松地将动画从一个对象复制到另一个对象。

压缩演示文稿中的视频和音频可以减少文件大小,易于共享,同时还可以改进播放性能。

PowerPoint 2010 新增了共同创作的功能。多位用户可以同时编辑一个演示文稿。在放映幻灯片时,还可以广播给其他地方的人员(无论他们是否安装了 PowerPoint 2010)。

PowerPoint 2010 具有多个监视器。在 PowerPoint 2010 中,每个打开的演示文稿都具有完全独立的窗口。因此可以单独或并排地查看和编辑多个演示文稿。

6.1.2　PowerPoint 2010 的操作界面

启动 PowerPoint 2010 后,便可打开其操作界面,PowerPoint 2010 的工作界面和 Word 2010 的基本类似,如图 6-1 所示。

图 6-1　PowerPoint 2010 的操作界面

1. 功能区

PowerPoint 2010 的功能区包括"文件""开始""插入""设计""切换""动画""幻灯片放映""审阅"以及"视图"等菜单,其中"文件""开始""插入""审阅""视图"等菜单的功能与 Word 2010 和 Excel 2010 相似,而"设计""切换""动画""幻灯片放映"是 PowerPoint 2010 特有的菜单项目。

2. 编辑区

工作界面中最大的区域为幻灯片编辑区,在此可以对幻灯片的内容进行编辑。

3. 视图区

编辑栏左侧的区域为视图区,默认视图方式为"幻灯片"视图,单击"大纲"按钮可以切换到"大纲视图"模式。"幻灯片视图"模式将以单张幻灯片的缩略图为基本单元排列,当前正在编辑的幻灯片以着重色标出。在此栏中可以轻松地实现整张幻灯片的复制与粘贴、插入新的幻灯片、删除幻灯片和幻灯片样式更改等操作。"大纲视图"模式将以每张幻灯片所包含的内容为列表的方式进行展示,单击列表中的内容项可以对幻灯片内容进行快速编辑。

4. 备注栏

编辑区的下方为备注栏。在备注栏中可以为当前幻灯片添加备注和说明。备注和说明在幻灯片放映时不显示。

6.2　演示文稿的编辑

6.2.1　应用版式

幻灯片版式是 PowerPoint 2010 中的一种常规排版的格式,通过幻灯片版式可以对文字、图片、图表、音频、视频等布局。版式由文字版式、内容版式、文字版式和内容版式与其他版式这四个版式组成。通常软件会内置几个版式类型供用户使用,利用这四个版式可以轻松地完成幻灯片制作和运用。PowerPoint 2010 提供了多种幻灯片版式供用户选择,如图 6-2 所示。

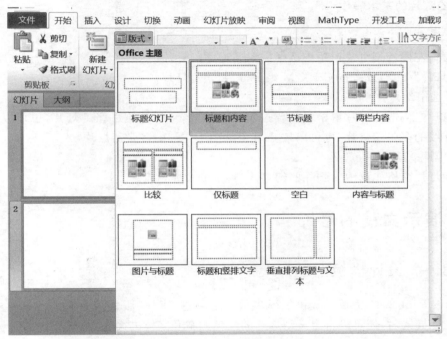

图 6-2　幻灯片版式

版式由多种占位符组成。占位符是指创建新幻灯片时出现的虚线方框,在这些框内可以放置标题和正文,或者是图表、表格和图片等,还可以调整占位符的大小和位置以及边框和颜色。

用户在编辑幻灯片时,选择"开始"→"幻灯片"功能组中的"版式"命令,再选择一种版式。当应用一个新版式时,所有的文本和对象仍都保留在幻灯片中,但必须对其重新排列以适应新的版式。

6.2.2　编辑幻灯片

1. 在幻灯片上添加对象

在 PowerPoint 2010 中,用户可以插入和编辑图形、图片、艺术字、表格、图表以及音频视频等,以达到美化演示文稿、加强文稿的表现力和感染力的目的。

在幻灯片中插入表格、图片、图表等操作方法与在 Word 2010 和 Excel 2010 中插入同类对象的基本方法一致,即在"插入"菜单中进行选择和操作,或者通过复制粘贴的方式直接将对象添加到幻灯片中。

PowerPoint 2010 允许在放映幻灯片时播放音频和视频,这些文件可以来自系统内置的剪辑库,也可以自行添加。其方法是:选择"插入"→"媒体"→"视频"或"音频"命令,在弹出的对话框中找到所要选择的文件即可。插入视频文件后,幻灯片里会出现播放视频窗口,选择"视频工具"→"播放"命令,在"视频选项"功能组中设置视频的音量和是否循环播放等;插入音频文件后,幻灯片中会出现一个小喇叭图标,选择"音频工具"→"播放"命令,在"音频选项"功能组中设置音频的音量和是否循环播放等。

2. 幻灯片的基本操作

(1) 新建幻灯片

在窗口左侧的幻灯片窗格中选择需要插入新幻灯片的位置,选择"开始"→"幻灯片"→"新建幻灯片"命令,或者按 Ctrl+M 组合键,新建幻灯片。

(2) 选中幻灯片

在窗口左侧的幻灯片窗格单击要选定的幻灯片,可以选定一张幻灯片,也可以按 Shift 键选中连续的多张幻灯片,也可以按 Ctrl 键选中不连续的多张幻灯片。

(3) 删除幻灯片

在幻灯片窗格先选中要删除的幻灯片,再按 Del 键删除。

6.3　演示文稿的修饰

6.3.1　设计模板主题

PowerPoint 2010 为用户提供了很多预设了颜色、字体、版式等效果的主题样式,用户在选择主题样式后,还可以自定义幻灯片的配色方案和字体方案等。

1. 选择幻灯片主题

PowerPoint 2010 的主题样式均已经对颜色、字体和效果进行了合理的搭配,用户只需选择一种固定的主题效果,就可以为演示文稿中的各幻灯片的内容应用相同的效果,从而达到统一幻灯片风格的目的。其方法是选择"设计"→"主题"功能组中的"其他"命令,在打开的下拉列表框中选择一种主题即可,如图 6-3 所示。

2. 更改主题颜色

PowerPoint 2010 为预设的主题样式提供了多种主题的颜色方案,用户可以直接选择颜色方案,对幻灯片主题的颜色搭配效果进行调整。更改方法是选择"设计"→"主题"功能组中的"颜色"命令。在打开的下拉列表框中选择一种主题颜色,如图 6-4 所示。在打开的下拉列表框中单击"新建主题颜色"命令,在弹出的"新建主题颜色"对话框中可以自行搭配幻灯片主题颜色,如图 6-5 所示。

图 6-3　选择幻灯片主题

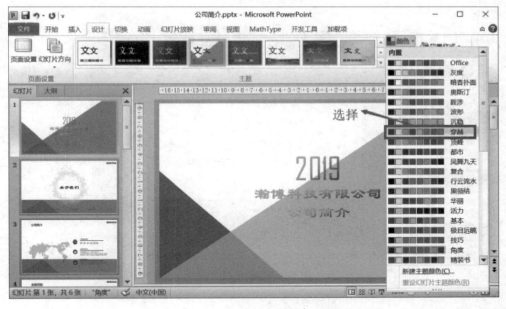

图 6-4　选择主题颜色

3．更改主题效果

主题效果是指应用于幻灯片中元素的视觉属性的集合，是一组线条和一组填充效果。通过使用主题效果库，可以快速地更改幻灯片中不同对象的外观，使其看起来更加专业、美观。更改主题效果的方法是单击"设计"→"主题"功能组中的"效果"下拉按钮，打开主题效果列表，选择所需要的效果，并应用到当前幻灯片中，如图 6-6 所示。

图 6-5 "新建主题颜色"对话框

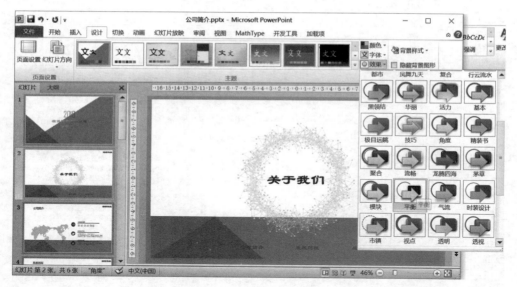

图 6-6 选择主题效果

4. 自定义幻灯片背景

利用 PowerPoint 2010 的背景样式功能,用户可以设计幻灯片背景颜色或填充效果,并将其应用于演示文稿中指定的幻灯片或所有的幻灯片。其方法是选中需要设置背景颜色的一张或多张幻灯片,单击"设计"→"背景"功能组中的"背景样式"下拉按钮,在打开的下拉列表框中选择"设置背景格式"命令,弹出"设置背景格式"对话框。在对话框中可以进行背景设置。在设置时,可以设置单一的背景颜色,也可以进行预设效果的设置,为幻灯片设置纹理效果或设置某一图片文件为背景,如图 6-7 所示。

图 6-7　自定义幻灯片背景

6.3.2　应用母版

通过自定义母版,也可以统一幻灯片的风格。幻灯片母版可以统一和存储幻灯片的模板信息,在完成母版编辑后,即可对母版样式进行快速应用,以达到减少重复输入、提高工作效率的目的。

通常情况下,如果想为幻灯片应用统一的背景、标志、标题文本及主要文本格式,就需要使用 PowerPoint 2010 的幻灯片母版功能。

1. 认识幻灯片母版

幻灯片母版用于设置幻灯片的样式,可供用户设定各种标题文字、背景、属性等,只需更改一项内容就可更改所有幻灯片。在 PowerPoint 2010 中有三种母版:幻灯片母版、标题母版、备注母版。幻灯片母版包含标题样式和文本样式。

2. 编辑幻灯片母版

编辑幻灯片母版与编辑幻灯片的方法类似,幻灯片母版中也可以添加图片、声音、文本等。完成母版样式的编辑后,单击"关闭母版视图"按钮,即可退出母版。

1) 设置标题和各级文本样式

在幻灯片母版中,一般只需设置常用幻灯片版式的标题和各级文本样式等,如标题幻灯片母版、标题和内容幻灯片母版等。

例如,在"公司简介"演示文稿中,设置标题幻灯片中副标题字体为"方正兰亭超细黑简体";设置标题和内容幻灯片中标题字体为"方正兰亭超细黑简体",设置字体样式为"加粗",设置字体颜色为"深蓝",如图 6-8 所示。

（1）选择"视图"→"母版视图"功能组中的"幻灯片母版"命令,进入幻灯片母版编辑界面。

（2）在幻灯片母版视图左侧的"幻灯片版式选择"窗格中选择第 2 张幻灯片版式,即标题幻灯片的母版,选择"单击此处编辑母版副标题样式"占位符,然后将副标题字体设置为"方正兰亭超细黑简体"。

（3）在幻灯片母版视图左侧的"幻灯片版式选择"窗格中选择第 3 张幻灯片版式,即标题和内容幻灯片的母版,选择"单击此处编辑母版标题样式"占位符,然后将标题字体设置为

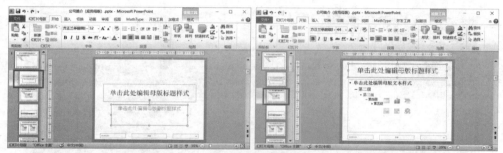

图 6-8　设置幻灯片母版文本样式

"方正兰亭超细黑简体",将字体样式设置为"加粗",将字体颜色设置为"深蓝"。

（4）选择"幻灯片母版"→"关闭"功能组中的"关闭母版视图"命令,退出幻灯片母版视图。

2）设置幻灯片背景和动画效果

为了使幻灯片效果更美观,通常需要对幻灯片背景效果进行设置。在幻灯片母版中设置了背景效果后,所有该母版样式的幻灯片都会应用此背景效果。

例如,在"公司简介"演示文稿中,利用幻灯片母版设置所有幻灯片的背景样式为"图案填充 40%",如图 6-9 所示。

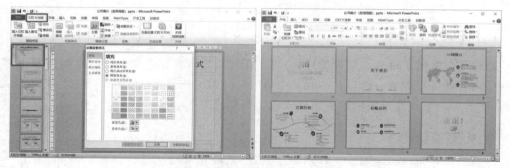

图 6-9　设置幻灯片母版背景

（1）选择"视图"→"母版视图"功能组中的"幻灯片母版"命令,进入幻灯片母版编辑界面。

（2）在幻灯片母版视图左侧的"幻灯片版式选择"窗格中选择第 1 张幻灯片版式,然后单击"幻灯片母版"→"背景"功能组右下角的对话框启动器按钮,弹出"设置背景格式"对话框,选择"图案填充"中的"40%",单击"关闭"按钮。

（3）选择"幻灯片母版"→"关闭"功能组中的"关闭母版视图"命令,退出幻灯片母版界面。

例如,在"公司简介"演示文稿中,利用幻灯片母版将所有幻灯片中的标题的占位符的动画效果设置为"轮子",如图 6-10 所示。

（1）选择"视图"→"母版视图"功能组中的"幻灯片母版"命令,进入幻灯片母版编辑界面。

（2）在幻灯片母版视图左侧的"幻灯片版式选择"窗格中选择第 3 张幻灯片版式,即标题和内容幻灯片的母版,选择"单击此处编辑母版标题样式"占位符,然后选择"动画"→"动

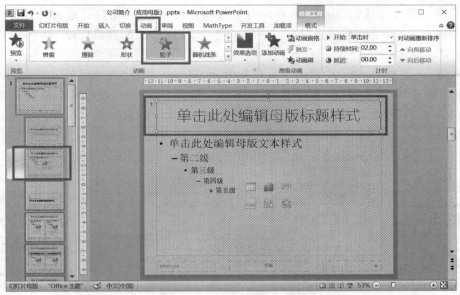

图 6-10　设置幻灯片母版动画

画"功能组中的"轮子"命令,即完成设置。

(3) 选择"幻灯片母版"→"关闭"功能组中的"关闭母版视图"命令,退出幻灯片母版界面。

3) 添加页眉和页脚

在母版编辑视图中,幻灯片的顶部和底部通常会出现几个小的占位符,在其中可以设置幻灯片的页眉和页脚,包括日期、时间、编号和页码等内容。

例如,在"公司简介"演示文稿中,利用幻灯片母版在除标题幻灯片以外的其他版式中,设置页眉和页脚样式,显示日期、幻灯片编号、页脚内容为"瀚博科技有限公司",如图 6-11 所示。

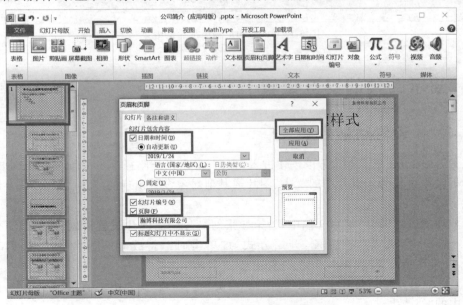

图 6-11　母版设置日期、编号和页脚等

（1）进入幻灯片母版编辑界面，在幻灯片母版视图左侧的"幻灯片版式选择"窗格中选择第1张幻灯片版式，然后选择"插入"→"文本"功能组中的"页眉和页脚"命令，弹出"页眉和页脚"对话框。

（2）在"幻灯片"选项卡中，选择"日期和时间"单选框以及"自动更新"单选按钮；再选择"幻灯片编号"单选框和"页脚"单选框，并输入页脚内容"瀚博科技有限公司"；选择"标题幻灯片中不显示"复选框；单击"全部应用"按钮，如图6-11所示。

（3）选中"页脚"占位符，拖曳到幻灯片编辑区的右上角；选择"幻灯片母版"→"关闭"功能组中的"关闭母版视图"命令，退出幻灯片母版界面。"公司简介"演示文稿应用母版后的效果，如图6-12所示。

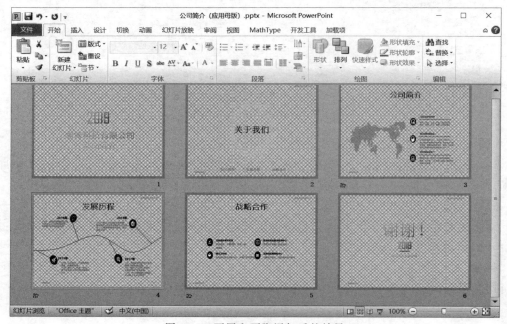

图6-12　页眉和页脚添加后的效果

6.4　演示文稿的交互设置

6.4.1　设置动画效果

在PowerPoint 2010中，可以创建进入、强调、退出以及路径等不同类型的动画效果，利用这四种动画可以为幻灯片中的文本、图片或其他对象设置出现的方式、出现的先后顺序和声音效果等。

例如，在"公司简介"演示文稿中，为第3张幻灯片中的图片设置动画，添加以下两个效果：进入效果为"飞入"，自左侧，开始方式为"单击时"，持续时间为"3秒"，延迟时间为"1秒"；强调效果为"跷跷板"，开始方式为"上一个动画之后"。

（1）选中第3张幻灯片中的图片，选择"动画"→"动画"功能组中的"其他"命令，选择进入效果中的"飞入"。

（2）单击"动画"功能组中的"效果选项"下拉按钮,选择"自左侧"选项。

（3）在"计时"功能组中,选择开始为"单击时",持续时间设置为"3 秒",延迟时间设置为"1 秒"。查看播放效果,图片从左侧飞入,如图 6-13 所示。

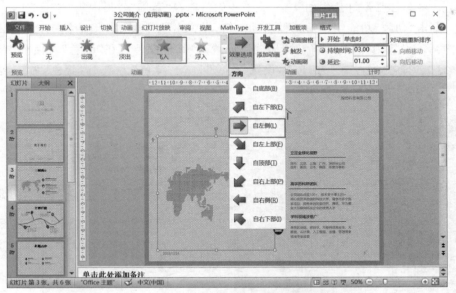

图 6-13　进入动画效果和效果选项的使用

（4）再次选中第 3 张幻灯片中的图片,单击"动画"→"高级动画"功能组中的"添加动画"下拉按钮,选择强调效果中的"跷跷板";单击"高级动画"功能组中的"动画窗格"按钮,弹出的"动画窗格"对话框将出现该幻灯片中所有的动画效果列表,各个对象按添加动画的顺序从上到下依次列出,并显示标号,可以拖曳或者利用单击"重新排序"按钮的方式更改动画的顺序,如图 6-14 所示。

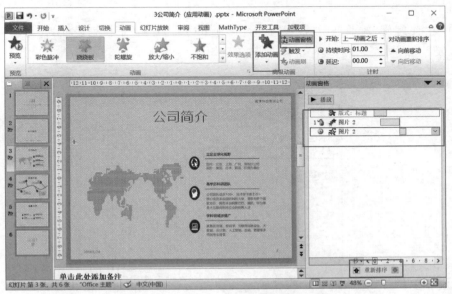

图 6-14　添加多个动画和动画窗格的使用

例如,在"公司简介"演示文稿中,为第 2 张幻灯片中的文字"关于我们"添加以下动画效果:强调效果为"陀螺旋",开始方式为"与上一动画同时",声音为"激光",动画播放后为"绿色",动画文本为"按字母",重复为两次。

(1) 选中第 2 张幻灯片中的文字"关于我们",选择"强调"效果中的"陀螺旋"。

(2) 单击"动画"功能组中对话框启动按钮,在弹出的"陀螺旋"对话框中,将"效果"选项卡下的"声音"设置为"激光",将动画播放后设置为"其他颜色",在"颜色"对话框中选择"自定义"命令,选择"颜色模式"为 RGB,设置"红色"为 0,"绿色"为 255,"蓝色"为 0,再将动画文本为"按字母",如图 6-15 所示。

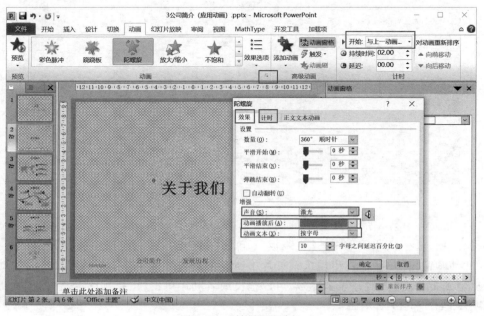

图 6-15 "效果"选项卡

(3) 在"陀螺旋"对话框中,设置"计时"选项卡中的"开始"下拉列表框为"与上一动画同时","重复"下拉列表框为 2,单击"确定"按钮,如图 6-16 所示。

图 6-16 "计时"选项卡

6.4.2 设置幻灯片切换动画

幻灯片间的切换效果是指演示文稿在播放过程中,幻灯片进入和离开屏幕时产生的视觉效果,即幻灯片以动画方式放映的特殊效果,PowerPoint 2010 提供的幻灯片切换效果如图 6-17 所示。

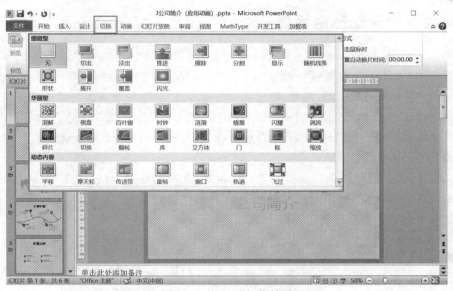

图 6-17 幻灯片切换效果

例如,在"公司简介"演示文稿中,将所有幻灯片的切换效果设置为"立方体",效果选项为"自右侧",声音为"风铃",持续时间为"2 秒",换片方式为"单击鼠标时"或者"设置自动换片时间"为"5 秒",如图 6-18 所示。

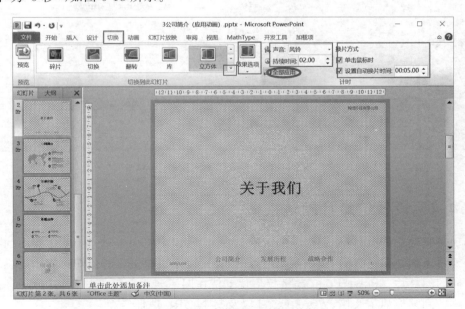

图 6-18 设置所有幻灯片的切换效果

（1）选择"公司简介"演示文稿中的任何一张幻灯片,选择"切换"→"切换到此幻灯片"功能组中的"其他"命令,再选择"华丽型"中的"立方体"命令;设置"效果选项"为"自右侧"。

（2）在"计时"功能组中,将"声音"下拉列表框选择为"风铃",将"持续时间"下拉列表框设置为"2秒";换片方式中选择"单击鼠标时"以及选择"设置自动换片时间"为5秒。

（3）在"计时"功能组中,单击"全部应用"按钮,查看播放的效果。

6.4.3 设置动画触发器

动画触发器可以是一个图片、文字、段落、文本框等,相当于一个按钮。在PPT中设置好触发器功能后,单击触发器就会触发一个操作,该操作可以是多媒体音乐、影片、动画等。

例如,在"公司简介"演示文稿中,第2张幻灯片中的文字"发展历程"和"战略合作"是在上一个动画之后以"擦除"动画效果出现;单击图片,文字"公司简介"将以"轮子"动画效果显示。

（1）选择第2张幻灯片中的文字"发展历程"和"战略合作",设置动画效果为"擦除",开始方式为"上一个动画之后"。

（2）选择文字"公司简介",设置其动画效果为"轮子",在弹出的"轮子"对话框的"计时"选项卡中,单击"触发器"按钮,设置"单击下列对象时启动效果"为"图片2",单击"确定"按钮,如图6-19所示。查看播放的效果。

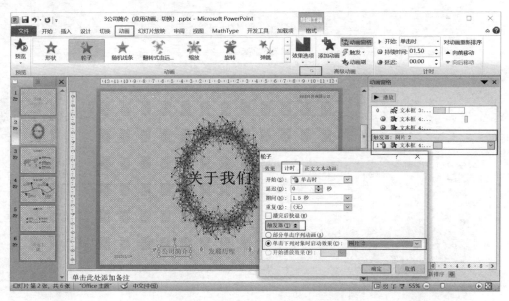

图6-19 设置动画触发器

6.4.4 设置幻灯片超链接

利用超链接功能,可以使幻灯片的放映更加灵活,内容更加丰富。为幻灯片中的文本或者图片等对象创建超链接后,在放映幻灯片时,便可以通过单击该对象即可将页面跳转到链接所指向的幻灯片。PowerPoint超链接不仅支持在同一演示文稿中的各幻灯片间的跳转,还支持跳转到其他演示文稿、Word、Excel以及某个URL地址等。

例如,在"公司简介"演示文稿中,将第 2 张幻灯片中的文本"战略合作"超链接到第五张幻灯片;并在第五张幻灯片中添加一个自选图形"左箭头",该箭头可以实现跳转到第 2 张幻灯片。

（1）选择第 2 张幻灯片中的文字"战略合作",选择"插入"→"链接"功能组中的"超链接"命令,在弹出的"超链接"对话框中,选择"链接到"为"本文档中的位置","请选择文档中的位置"为"5.战略合作",单击"确定"按钮,如图 6-20 所示。

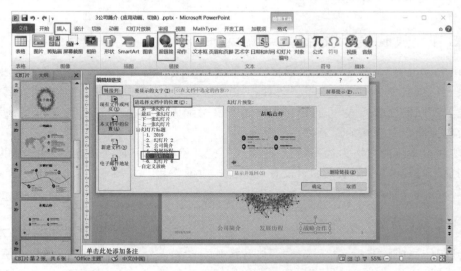

图 6-20　超链接到第 5 张幻灯片

（2）播放幻灯片,单击文本"战略合作",幻灯片链接到第 5 张幻灯片。

（3）按 Esc 键退出播放,选中第 5 张幻灯片,单击"插入"→"插图"功能组中的"形状"下拉按钮,选择"箭头汇总"→"左箭头"命令,绘制一个左箭头;选择"插入"→"链接"功能组中的"超链接"命令,在弹出的"超链接"对话框中,选择"链接到"为"本文档中的位置",选择"请选择文档中的位置"为"2.幻灯片 2",单击"确定"按钮,如图 6-21 所示。播放幻灯片,查看效果。

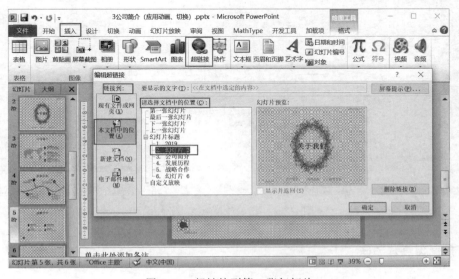

图 6-21　超链接到第 2 张幻灯片

注意,对已有的超链接可以进行编辑修改,如改变超链接的目标地址和删除超链接。如果要修改超链接,只要重新选择超链接的目标地址即可;如果需要删除超链接,只要在"编辑超链接"对话框中,单击"删除链接"按钮即可。

6.5　演示文稿的放映与共享

6.5.1　放映演示文稿

使用 PowerPoint 2010 制作演示文稿的最终目的是将幻灯片展示给观众,即放映幻灯片,其最大特点在于为幻灯片设置了各种各样的切换效果和动画效果,根据演示文稿的性质不同,设置不同的放映方式,并且由于在演示文稿中加入了视频、音频等效果使得演示文稿更加丰富,更能吸引观众的注意力。

放映演示文稿的方法为选择"幻灯片放映"→"开始放映幻灯片"功能组中的"从头放映"或"从当前幻灯片开始"命令。如果没有进行过相应的设置,这两种方式将从演示文稿的第一张幻灯片起,一直放映到最后一张幻灯片。

1. 设置幻灯片放映方式

打开制作完成的演示文稿,选择"幻灯片放映"→"设置"功能组中的"设置幻灯片放映"命令,弹出"设置放映方式"对话框,可以对幻灯片的放映类型、放映选项、换片方式等进行设置,如图 6-22 所示。

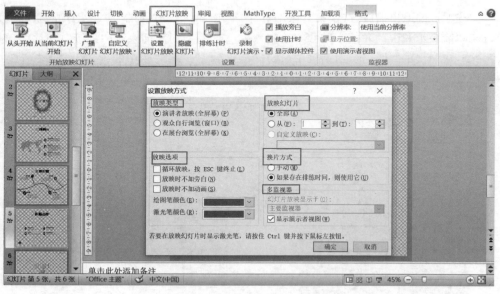

图 6-22　"设置放映方式"对话框

2. 控制幻灯片放映

在幻灯片放映过程中,可以通过鼠标或者键盘来控制播放。

1）鼠标控制播放

在放映过程中，右击屏幕，在弹出的快捷菜单选择其中的命令控制放映的过程，选择"帮助"命令会显示关于幻灯片放映的各种按键的操作说明，如图6-23所示。

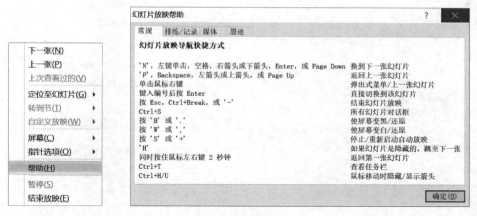

图6-23 鼠标控制放映

2）键盘控制播放

常用的控制放映的按键如下所述。

前进一张幻灯片：→键、↓键、空格键、PageUp键、Enter键等。

回退一张幻灯片：←键、↑键、PageDown键、Backspace键等。

跳到指定的幻灯片：输入数字然后按Enter键。

退出放映：按Esc键。

6.5.2 共享演示文稿

共享演示文稿的目的是为了方便其他用户查看演示文稿，通常的方法包括将演示文稿发布为视频文件、转化为直接放映格式，以及打包成CD并运行，即便用户的计算机中没有安装PowerPoint 2010，也能查看演示文稿的内容。

1．发布为视频文件

发布为视频文件就是将演示文稿的格式转换为视频文件格式，这样就可以在不启动PowerPoint 2010的情况下放映演示文稿。

例如，把"公司简介"演示文稿转换为视频文件。

（1）打开"公司简介"演示文稿，选择"文件"→"保存并发送"命令。

（2）在中间列表中的"文件类型"栏中选择"创建视频"命令。

（3）在右侧的"创建视频"栏中的"计算机和HD显示"下拉列表框中设置显示的性能和分辨率；在"不要使用录制的计时和旁白"下拉列表框中设置计时和旁白；在"放映每张幻灯片的秒数"微调框中设置每张幻灯片的播放时间。

（4）单击"创建视频"按钮，如图6-24所示。

（5）弹出"另存为"对话框，在地址栏中选择保存位置，单击"保存"按钮即可转换为视频格式。转换完成后，双击创建的视频文件（默认格式为WMV），即可打开默认播放器进行放映。

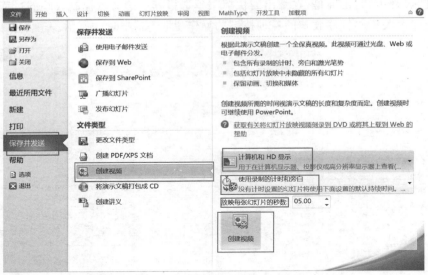

图 6-24　将演示文稿转换为视频

2．转换为直接放映格式

这种方法是直接将演示文稿保存为可以放映的格式，在没有安装 PowerPoint 2010 的计算机中双击该格式文件即可放映演示文稿。

例如，把"公司简介"演示文稿转换为直接放映格式。

(1) 打开"公司简介"演示文稿，选择"文件"→"另存为"命令。

(2) 弹出"另存为"对话框，在"文件类型"下拉列表框中选择"PowerPoint 放映（ * . ppsx)"选项，再单击"保存"按钮，如图 6-25 所示。

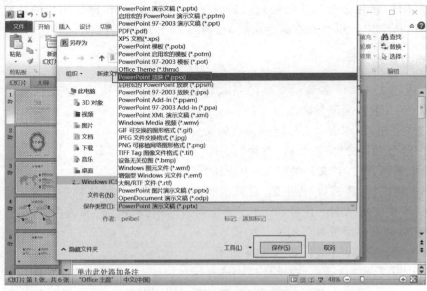

图 6-25　转换为直接放映格式

6.5.3　打印演示文稿

PowerPoint 2010 也提供了打印功能，用户可以对幻灯片进行打印并留档保存。用户可以根据实际需要以不同颜色（如彩色、灰色或黑白）打印演示文稿中的幻灯片、大纲、备注页和观众讲义，但在打印之前还需要进行页面设置和打印预览，使打印出来的效果更符合实际需求。

1．页面设置

对幻灯片进行页面设置主要包括调整幻灯片的大小，设置幻灯片编号起始值以及打印方向等，使之适合各种类型的纸张。其方法是选择"设计"→"页面设置"功能组中的"页面设置"命令，弹出"页面设置"对话框，在"幻灯片大小"下拉列表框中选择打印纸张大小，在"方向"选项区域中选择幻灯片及备注、讲义和大纲的打印方向，在"幻灯片编号起始值"文本框中输入打印的起始编号，如图 6-26 所示。

图 6-26　页面设置

2．预览并打印幻灯片

对演示文稿进行页面设置后，便可预览打印效果并进行打印。方法是：选择"文件"→"打印"命令，在右侧"打印预览"列表框中即可浏览打印效果，在左侧列表框中可以对打印机、要打印的幻灯片编号、每页打印的张数和颜色模式等进行设置，如图 6-27 所示。

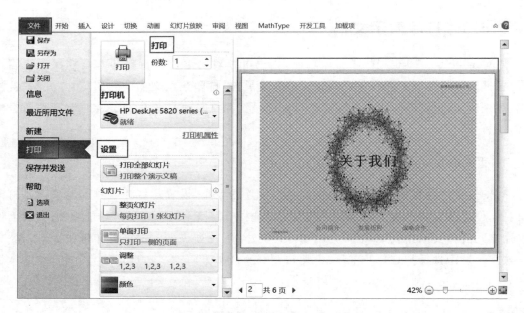

图 6-27　预览并打印幻灯片

实训 1　长文档编辑

1．实训目的

（1）掌握长文档编辑的基础编辑与排版；
（2）掌握样式和创建目录；
（3）掌握利用 MathType 进行公式编辑；
（4）掌握利用 Office Visio 绘制流程图；
（5）掌握 Word 2010 表格的制作与编辑。

2．实训任务

（1）设置首页无页码。
（2）添加文档奇数页页眉："论文标题"，字体为小五号字，居中对齐；偶数页页眉："个人姓名"，字体为小五号字，居中对齐。页脚插入页码，奇数页右对齐，偶数页左对齐。
（3）为标题"基于商空间理论的冬小麦产量预测和分析"添加脚注"获基金项目支持"。
（4）启用文档修订功能，删除摘要最后一段文字"正确的"，重新插入文字"行之有效的！"
（5）在"4.3 特征属性"标题下的第二段中使用 MathType 进行公式编辑

$$\hat{Y}_S = \hat{Y}_w \times \hat{Y}_t + \hat{Y}_t$$

（6）在"图 1 基于商空间理论的安徽省冬小麦产量预测模型"上方使用 Office Visio 绘制流程图如图 6-28 所示。

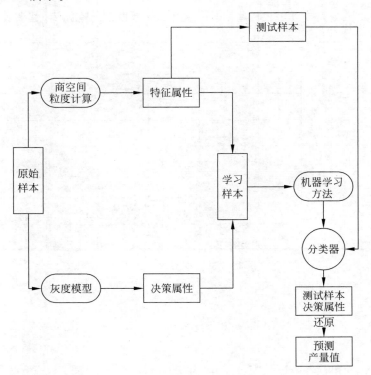

图 6-28　流程图

（7）修改标题 1 样式为黑体四号，标题 2 样式为黑体小四，将摘要、关键词、正文中一级标题、参考文献全部应用标题 1 样式，将二级标题应用标题 2 样式，并在目录生成栏目中完成该论文的目录自动生成，如图 6-29 所示。

目录生成

摘要：..1
关键词：..1
1 引言..1
2 商空间粒度计算理论..1
3 构造性学习算法（覆盖算法）...2
4 冬小麦的产量预测...2
　　4.1 论域 X 3
　　4.2 决策属性..3
　　4.3 特征属性..4
5 结论..4
参考文献..4

图 6-29　目录生成

（8）在文档最后插入本学期的课表。要求表格的行标题为"星期×"（×代表一、二、三、四、五），列标题为"上午"和"下午"，左上角插入斜线表，行标题为星期，列标题为课程，设置外框线，要求全表的外框线为红色双线，课程表所有空白单元格设置"黄色"底纹，具体如图 6-30 所示。

课程表

课程＼星期		星期一	星期二	星期三	星期四	星期五
上午	1					
	2					
	3					
	4					
下午	5					
	6					
	7					
	8					

图 6-30　课程表格式

实训 2 使用公式和函数

1．实训目的

（1）掌握创建和复制公式的方法；
（2）熟悉并使用 Excel 常用函数。

2．实训任务

（1）在"教师岗前培训数据"工作表中，使用公式 H2：H13 区域计算加权分（加权分＝心理学×30％＋教育学×20％＋师德×50％），结果保留 1 位小数。

（2）在"教师岗前培训数据"工作表中，根据"加权分"列公式填充"考核评价"列数据（第一种情况：60 分以上为"合格"，60 分以下为"不合格"；第二种情况：大于或等于 85 分为"优秀"，大于或等于 80 且小于 85 分为"良好"，大于或等于 60 分且小于 80 分为"合格"，60 分以下为"不合格"）；根据"学院"列填充"学院编号"列，计算机学院、经济学院、数学学院的学院编号分别为 HFNU1、HFNU2、HFNU3。

（3）在"教师岗前培训数据"工作表中，统计总人数，填充在 D16 单元格；统计加权分高于 90 的人数，填充在 D18 单元格；统计考核评价优秀的人数，填充在 D20 单元格；统计不同学历的人数，分别填充在 D22：D24 单元格区域。

（4）在"教师岗前培训数据"工作表中，根据"加权分"列公式填充"排名"列数据，按降序排序，即最高分排第一名，以此类推，具体如图 6-31 所示。

	A	B	C	D	E	F	G	H	I	J
1	学院编号	学院	姓名	学历	心理学	教育学	师德	加权分	排名	考核评价
2	HFNU1	计算机学院	何倩	硕士	89	89	88	88.5	4	优秀
3	HFNU2	经济学院	张甜甜	博士	78	90	86	84.4	7	良好
4	HFNU3	数学学院	苌长	硕士	87	96	91	90.8	3	优秀
5	HFNU1	计算机学院	王佳敏	本科	78	91	83	83.1	8	良好
6	HFNU3	数学学院	许苑	硕士	94	97	94	94.6	1	优秀
7	HFNU1	计算机学院	周雨萌	博士	92	94	93	92.9	2	优秀
8	HFNU1	计算机学院	李梦雅	硕士	76	81	81	79.5	11	合格
9	HFNU2	经济学院	徐紫玲	博士	90	80	86	86	6	优秀
10	HFNU1	计算机学院	侯新雨	硕士	72	90	83	81.1	9	良好
11	HFNU2	经济学院	胡皖玉	硕士	68	84	79	76.7	12	合格
12	HFNU2	经济学院	高心仪	硕士	75	88	81	80.6	10	良好
13	HFNU3	数学学院	王国庆	博士	85	87	87	86.4	5	优秀
14										
15										
16			总人数：	12						
17										
18			90分以上人数：	3						
19										
20			优秀人数：	6						
21										
22			不同学历的人数：	博士	5					
23				硕士	6					
24				本科	1					
25										

教师岗前培训数据 / Sheet2 / Sheet3

图 6-31 "使用公式和函数"完成后的效果

实训 3　数据处理

1. 实训目的

(1) 掌握排序的方法；
(2) 掌握自动筛选和高级筛选的方法；
(3) 掌握简单分类汇总、嵌套分类汇总的方法。

2. 实训任务

(1) 在"教师岗前培训数据"工作表中，根据"学院编号"升序排序，再根据"加权分"降序排序。

(2) 在"筛选 1"工作表中，查看"加权分"在 90 分以上的信息，结果如图 6-32 所示。

	A	B	C	D	E	F	G	H	I	J
1	学院编号	学院	姓名	学历	心理学	教育学	师德	加权分	排名	考核评价
4	HFNU3	数学学院	裘长	硕士	87	96	91	90.8	3	优秀
6	HFNU3	数学学院	许苑	硕士	94	97	94	94.6	1	优秀
7	HFNU1	计算机学院	周雨萌	博士	92	94	93	92.9	2	优秀

图 6-32　自动筛选结果(1)

(3) 在"筛选 2"工作表中，设置自定义筛选，查看计算机学院"加权分"在 85 分以上的信息，如图 6-33 所示。

	A	B	C	D	E	F	G	H	I	J
1	学院编号	学院	姓名	学历	心理学	教育学	师德	加权分	排名	考核评价
2	HFNU1	计算机学院	何倩	硕士	89	89	88	88.5	4	优秀
7	HFNU1	计算机学院	周雨萌	博士	92	94	93	92.9	2	优秀

图 6-33　自动筛选结果(2)

(4) 在"筛选 3"工作表中，设置高级筛选。

① 查看"心理学"在 85 分以上并且"师德"在 85 分以上的信息，筛选结果复制到左上角 A20 区域。

② 查看"心理学"在 85 分以上或者"师德"在 85 分以上的信息，筛选结果复制到左上角 A30 区域。筛选条件如图 6-34 所示，筛选结果如图 6-35 所示。

L	M	N	O	P
心理学	师德		心理学	师德
>85	>85		>85	
				>85
与条件			或条件	

图 6-34　筛选条件

(5) 在"分类汇总"工作表中，统计每个学院的人数和"师德"的平均分，如图 6-36 所示。

提示：先根据学院编号升序排序，再选择"数据"→"分级显示"→"分类汇总"命令，在"分类汇总"对话框中分别如图 6-37 所示的设置。

学院编号	学院	姓名	学历	心理学	教育学	师德	加权分	排名	考核评价
HFNU1	计算机学院	何倩	硕士	89	89	88	88.5	4	优秀
HFNU3	数学学院	苌长	硕士	87	96	91	90.8	3	优秀
HFNU3	数学学院	许苑	硕士	94	97	94	94.6	1	优秀
HFNU1	计算机学院	周雨萌	博士	92	94	93	92.9	2	优秀
HFNU2	经济学院	徐紫玲	博士	90	80	86	86	6	优秀

学院编号	学院	姓名	学历	心理学	教育学	师德	加权分	排名	考核评价
HFNU1	计算机学院	何倩	硕士	89	89	88	88.5	4	优秀
HFNU2	经济学院	张甜甜	博士	78	90	86	84.4	7	良好
HFNU3	数学学院	苌长	硕士	87	96	91	90.8	3	优秀
HFNU3	数学学院	许苑	硕士	94	97	94	94.6	1	优秀
HFNU1	计算机学院	周雨萌	博士	92	94	93	92.9	2	优秀
HFNU2	经济学院	徐紫玲	博士	90	80	86	86	6	优秀
HFNU3	数学学院	王国庆	博士	85	87	87	86.4	5	优秀

图 6-35 筛选结果

学院编号	学院	姓名	学历	心理学	教育学	师德	加权分	排名	考核评价
HFNU1	计算机学院	何倩	硕士	89	89	88	88.5	4	优秀
HFNU1	计算机学院	王佳敏	本科	78	91	83	83.1	8	良好
HFNU1	计算机学院	周雨萌	博士	92	94	93	92.9	2	优秀
HFNU1	计算机学院	李梦雅	硕士	76	81	81	79.5	11	合格
HFNU1	计算机学院	侯新雨	博士	72	90	83	81.1	9	良好
HFNU1 平均值						85.6			
HFNU1 计数		5							
HFNU2	经济学院	张甜甜	博士	78	90	86	84.4	7	良好
HFNU2	经济学院	徐紫玲	博士	90	80	86	86	6	优秀
HFNU2	经济学院	胡皖玉	硕士	68	84	79	76.7	12	合格
HFNU2	经济学院	高心仪	硕士	75	88	81	80.6	10	良好
HFNU2 平均值						83			
HFNU2 计数		4							
HFNU3	数学学院	苌长	硕士	87	96	91	90.8	3	优秀
HFNU3	数学学院	许苑	硕士	94	97	94	94.6	1	优秀
HFNU3	数学学院	王国庆	博士	85	87	87	86.4	5	优秀
HFNU3 平均值						90.6666667			
HFNU3 计数		3							
总计平均值						86			
总计数		12							

图 6-36 分类汇总结果

(a) 汇总各学院的人数

(b) 分类汇总各学院"师德"的平均分

图 6-37 "分类汇总"对话框

实训4　数据图表的设计和工作表的打印

1．实训目的

（1）掌握绘制图表的方法；

（2）熟悉设置图表的样式与布局机构的方法；

（3）了解打印区域的设置、分页设置的方法。

2．实训任务

（1）在"图表"工作表中，创建簇状柱形图。

① 设置图表数据：图例为"加权分"和"排名"，水平轴标题为姓名。

② 设置图表样式：样式10。

③ 设置图表布局：图表标题为"加权分及排名"，系列"排名"的图表类型更改为折线型，并将其设置为次坐标轴，添加数据标签值；设置坐标轴的标题为"姓名""分数""名次"，并给系列"排名"。

④ 设置图表格式：图表区为纯色填充，绘图区为渐变色填充，如图6-38所示。

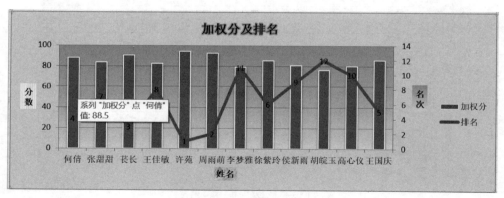

图 6-38　数据图表的设计

（2）设置打印区域，添加分页符。

① 设置打印区域：只打印"打印设置1"工作表中的前五行的数据信息。

在"打印设置1"工作表中，选择 A1:J5 区域，再选择"页面布局"→"页面设置"→"打印区域"命令，在下拉列表框中选择"设置打印区域"选项，设置好打印区域，打印区域边框为虚线。

② 添加分页符：在"打印设置2"工作表中的前5行与后面数据分页打印，并设置顶端标题行。

在"打印设置2"工作表中，选中行号6，选择"页面布局"→"页面设置"→"分隔符"命令，在下拉列表框中选择"插入分页符"选项，分页处出现虚线。

再选择"页面布局"→"页面设置"→"打印标题"命令，在弹出的"页面设置"对话框中的"顶端标题行"的文本框中输入 \$1：\$1，单击"打印预览"查看分页和顶端标题行的效果，如图 6-39 所示，再单击"确定"按钮，进行打印。

学院编号	学院	姓名	学历	心理学	教育学	师德	加权分	排名	考核评价
HFNU1	计算机学院	何倩	硕士	89	89	88	88.5	4	优秀
HFNU2	经济学院	张甜甜	博士	78	90	86	84.4	7	良好
HFNU3	数学学院	衷长	硕士	87	96	91	90.8	3	优秀
HFNU1	计算机学院	王佳敏	本科	78	91	83	83.1	8	良好

第1页的效果

学院编号	学院	姓名	学历	心理学	教育学	师德	加权分	排名	考核评价
HFNU3	数学学院	许苑	硕士	94	97	94	94.6	1	优秀
HFNU1	计算机学院	周雨萌	博士	92	94	93	92.9	2	优秀
HFNU1	计算机学院	李梦雅	硕士	76	81	81	79.5	11	合格
HFNU2	经济学院	徐紫玲	博士	90	80	86	86	6	优秀
HFNU1	计算机学院	侯新雨	博士	72	90	83	81.1	9	良好
HFNU2	经济学院	胡皖玉	硕士	68	84	79	76.7	12	合格
HFNU2	经济学院	高心仪	硕士	75	88	81	80.6	10	良好
HFNU3	数学学院	王国庆	博士	85	87	87	86.4	5	优秀

第2页的效果

图 6-39 添加分页符和顶端标题行的打印预览效果

实训 5　创建并编辑演示文稿

1．实训目的

（1）掌握 PowerPoint 2010 界面；

（2）熟悉幻灯片的基本操作，如选择、插入、复制、删除等；

（3）掌握在幻灯片中添加各类对象的方法，并能对其进行编辑和格式化。

2．实训任务

（1）新建演示文稿

创建名为"亮晶晶小队.pptx"的演示文稿，如图 6-40 所示。

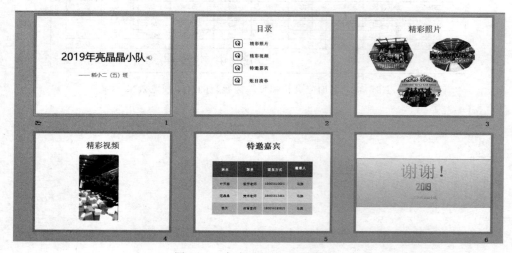

图 6-40　完成后的演示文稿效果

（2）编辑演示文稿

① 插入第 1 张幻灯片，应用版式为"标题幻灯片"，录入文字内容。

选择"开始"→"幻灯片"功能组中的"新建幻灯片"命令，选择"标题幻灯片"选项，录入正、副标题，并分别设置字体格式。

② 插入第 2 张幻灯片，版式为"仅标题"，录入目录内容。

③ 插入第 3 张幻灯片，版式为"仅标题"，插入图片，并设置图片对象的格式。

④ 插入第 4 张幻灯片，版式为"仅标题"，插入视频"精彩瞬间.avi"，并设置视频对象的格式。

⑤ 插入第 5 张幻灯片，版式为"标题和内容"，插入表格，并设置表格的格式。

⑥ 插入第 6 张幻灯片，版式为"空白"，录入文字内容，插入自选图形。

⑦ 在第 1 张幻灯片中插入背景音乐"班歌.mp3"，设置成"跨页幻灯片播放"。

提示：图片剪裁为多边形的方法：选中图片，单击"格式"→"大小"功能组中的"剪裁"下拉按钮，选择"剪裁为形状"→"基本形状"中的"正五边形"或"六边形"或"七边形"命令。

实训6　修饰演示文稿

1．实训目的

（1）掌握设计模板主题的方法；
（2）掌握母版视图打开和关闭的方法；
（3）熟练应用母版的方法。

2．实训任务

（1）打开"亮晶晶小队.pptx"的演示文稿，设置主题效果为"华丽"，除第一张和最后一张外所有幻灯片背景样式为渐变色填充。

（2）利用母版，设置"标题幻灯片"版式，添加自选图形，自行设置正、副标题字体的颜色和字号。

（3）利用母版，设置"仅标题幻灯片"版式，添加图片"边框.jpg"，自行设置标题字体的颜色和字号。

（4）利用母版，给所有幻灯片设置页眉和页脚样式，显示日期、幻灯片编号、页脚等。

（5）关闭母版视图，观察幻灯片的变化，如图 6-41 所示。

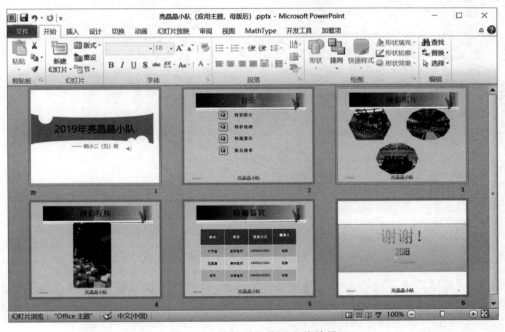

图 6-41　修饰后的演示文稿效果

实训 7　演示文稿的交互设置

1. 实训目的

（1）掌握设置幻灯片的切换效果和动画效果的方法；
（2）熟悉动画触发器，设置超链接方法；
（3）了解演示文稿的放映和打印预览。

2. 实训任务

（1）打开"亮晶晶小队.pptx"的演示文稿，设置第 2 张幻灯片的切换方式为"自底部"和"推进"，换片方式为"设置自动换片时间：4 秒"；第 3 张至第 6 张的切换方式为"自右侧"和"摩天轮"，换片方式为"单击鼠标时"。

（2）设置第 3 张幻灯片中照片的动画效果。每幅照片的第一个动画是"进入"动画中的"自底部擦除"，第二个动画是"强调"动画中的"放大/缩小"，放大动画的触发方式为"从上一动画之后"，计时效果为"快速（1 秒）"，如图 6-42 所示。

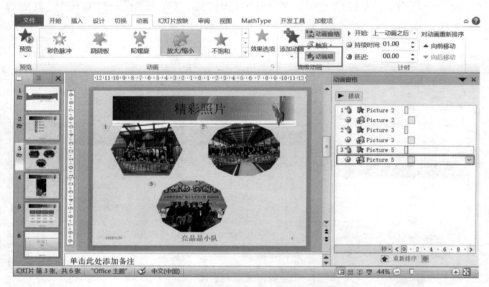

图 6-42　第 3 张幻灯片中照片的动画效果

（3）设置超链接。将第 2 张幻灯片作为导航页，并为其添加超链接，并在 3、4、5 张幻灯片中分别添加一个跳转到第 2 张幻灯片的超链接，以及为第 3、4、5 张分别添加艺术字 back，实现到第 2 张幻灯片的跳转。

（4）设置动画触发器。单击第 6 张幻灯片中的文字"2019"并将"谢谢"设置成"挥鞭式"的进入效果显示，如图 6-43 所示。

（5）放映演示文稿。查看设置的各种各样的切换效果、动画效果等。

（6）共享演示文稿。转换为直接放映格式，保存文件类型为（ *.ppsx）格式，交互设置完成后的效果如图 6-44 所示。

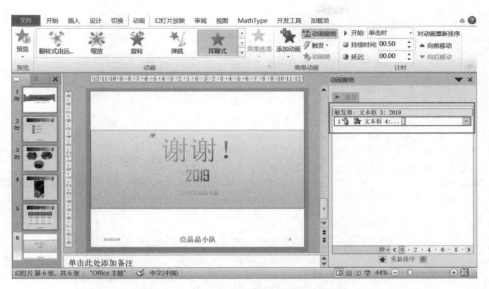

图 6-43　第 6 张幻灯片中的动画触发器

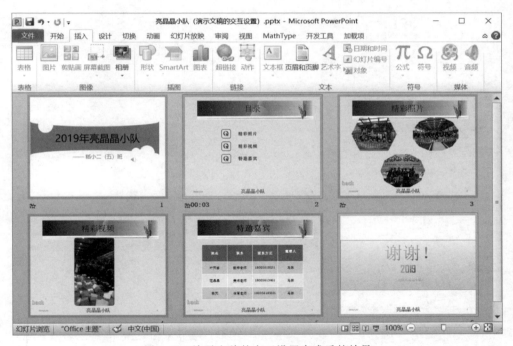

图 6-44　演示文稿的交互设置完成后的效果

第三部分　多媒体技术及其应用

学习目标

- 了解多媒体技术的概念和应用；
- 了解多媒体计算机系统组成；
- 了解图像基础知识；
- 熟练图像处理技术；
- 了解音频、视频等处理技术。

本部分主要介绍多媒体技术的基本概念、多媒体相关技术等基础知识，并介绍了图像、音频、视频和绘图处理技术的基础知识及相关软件应用。

第7章

多媒体技术概述

多媒体计算机把文字、音频、动画和视频图像等多种媒体集成一体,采用图形界面、窗口操作、触摸屏技术,大大提高人机交互能力。

7.1 多媒体技术的概念和特征

1. 多媒体概述

多媒体(Multimedia)是多种媒体的综合,一般包括文本、声音和图像等多种媒体形式。在计算机系统中,多媒体指组合两种或两种以上媒体的一种人机交互式信息交流和传播媒体。使用的媒体包括文字、图片、照片、声音、动画和影片等。

多媒体是超媒体(Hypermedia)系统中的一个子集,而超媒体系统是使用超链接(Hyperlink)构成的全球信息系统,全球信息系统是指在 Internet 上使用 TCP/IP 和 UDP/IP 的应用系统。二维的多媒体网页使用 HTML、XML 等语言编写,三维的多媒体网页使用 VRML 等语言编写。

2. 多媒体技术

1) 多媒体技术的定义

多媒体技术(Multimedia Technology)是利用计算机对文本、图形、图像、声音、动画、视频等多种信息综合处理、建立逻辑关系和人机交互作用的技术。

2) 多媒体技术的特点

(1) 集成性:采用了数字信号,可以综合处理文字、声音、图形、动画、图像、视频等多种信息,并将这些不同类型的信息有机地结合在一起。

(2) 交互性:信息以超媒体结构进行组织,可以方便地实现人机交互。换言之,人们可以按照自己的思维习惯和意愿主动地选择和接受信息,拟定观看内容的路径。

(3) 智能性:提供了易于操作、十分友好的界面,使计算机更直观、更方便、更亲切、更人性化。

(4) 易扩展性:可方便地与各种外部设备挂接,实现数据交换、监视控制等多种功能。此外,采用数字化信息可以有效地解决数据在处理传输过程中的失真问题。

7.2　多媒体的相关技术及应用领域

多媒体技术是多学科、多技术交叉的综合性技术,主要涉及多媒体数据压缩技术、多媒体信息存储技术、多媒体网络通信技术、多媒体软件技术以及虚拟现实技术等。由于这些技术取得了突破性的进展,多媒体技术才得以迅速的发展,而成为具有强大的处理声音、文字、图像等媒体信息的能力的高科技技术。

多媒体技术是一种迅速发展的综合性电子信息技术,它给传统的计算机系统、音频和视频设备带来了方向性的变革,对大众传媒产生深远的影响。多媒体计算机将加速计算机进入各个领域的进程,给人们的工作、生活和娱乐带来更多的便利。

多媒体技术借助日益普及的高速信息网,可实现计算机的全球联网和信息资源共享,因此被广泛应用在广告、艺术、教育、娱乐、工程、医药、商业及科研等诸多领域,并正潜移默化地改变着人类的生活。

(1) 利用多媒体网页,商家可以将广告变成有声有画的互动形式,也能够在同一时间内向准买家提供更多的商品信息。但商品信息的下载时间太长,是采用多媒体制作广告的一大缺点。

(2) 利用多媒体作教学用途,除了可以增加自学过程的互动性,还可以吸引学生学习、提升学习兴趣以及利用视觉、听觉和触觉三方面的反馈来增强学生对知识的吸收。

(3) 多媒体还可以应用于数字图书馆、数字博物馆等领域。此外,交通监控等也可使用多媒体技术进行相关监控。

7.3　多媒体计算机系统

1. 多媒体计算机系统的定义

多媒体计算机系统是指能把视、听和计算机交互式控制结合起来,对音频信号和视频信号的获取、生成、存储、处理、回收以及传输综合数字化所组成的一个完整的计算机系统。

2. 多媒体计算机系统的组成

多媒体计算机系统一般由四个部分构成,多媒体硬件平台(包括计算机硬件、声像等多种媒体的输入输出设备和装置)、多媒体操作系统(MPCOS)、图形用户接口(GUI)和支持多媒体数据开发的应用工具软件。

3. 多媒体计算机系统的特征

多媒体计算机系统具有同步性、集成性、交互性、综合性等特征。

第8章

图像处理技术

8.1 图像处理的基础知识

1. 位图和矢量图

计算机的数字化图像分为两种类型,即位图和矢量图。两种类型各有优缺点,应用的领域也各有不同。用于处理位图的最有名的软件就是 Photoshop。处理矢量图的软件一般是图形绘制软件和排版软件。

位图也称为点阵图,它是由许许多多的点组成的,这些点被称为像素。位图图像可以表现丰富多彩的变化并产生逼真的效果,也可以很容易地在不同软件之间交换使用,但它在保存图像时需要记录每一个像素的色彩信息,所以占用的存储空间较大,在旋转或缩放时会产生锯齿。

矢量图也称为向量图,它是一种基于图形的几何特性来描述的图像。矢量图中的各种图形元素称为对象,每个对象都是独立的个体,都具有大小、颜色、形状、轮廓等属性。它与分辨率无关,所以在进行旋转、缩放等操作时,可以保持对象光滑无锯齿。矢量图的缺点是图像色彩变化较少,颜色过渡不自然,并且绘制出的图像也不是很逼真。其优点是体积小、可任意缩放,因此广泛应用在动画制作和广告设计中。

位图与矢量图比较如表 8-1 所示。

表 8-1 位图与矢量图比较

	位　　图	矢　量　图
表现内容	丰富	单一
储存空间	大	小
放大缩小的效果	放大后模糊	可以无限放大
计算机显示的时间	慢	快

2. 分辨率

分辨率是用于描述图像文件信息的术语。分辨率,又称为解析度、解像度,可以从显示分辨率与图像分辨率两个方向来分类。分辨率决定了位图图像细节的精细程度。通常情况下,图像的分辨率越高,所包含的像素就越多,图像就越清晰,印刷的质量也就越好。同时,它也会增加文件占用的存储空间。

显示分辨率(屏幕分辨率)是屏幕图像的精密度,是指显示器所能显示的像素的多少。屏幕上的点、线和面都是由像素组成的,显示器可显示的像素越多,画面就越精细,同样的屏幕区域内能显示的信息也越多,所以分辨率是非常重要的性能指标。可以这样理解,把整个图像想象成是一个大型的棋盘,而分辨率的表示方式就是所有经线和纬线交叉点的数目。显示分辨率固定的情况下,显示屏越小图像越清晰;反之,显示屏大小固定时,显示分辨率越高图像越清晰。

图像分辨率则是单位英寸中所包含的像素点数,其定义更趋近于分辨率本身的定义。在 Photoshop 中,图像中每单位长度上的像素数目,称为图像的分辨率,其单位为像素/厘米。

3. 颜色模型和模式

颜色模式是将某种颜色表现为数字形式的模型,或者说是一种记录图像颜色的方式,用于显示和打印图像的颜色模型(颜色模型是用于表现颜色的一种数学算法)。Photoshop 的颜色模式以用于描述和重现色彩的颜色模型为基础。

常见的颜色模型有 HSB、RGB、CMYK 和 LAB 等。

常见的颜色模式包括 RGB 模式、CMYK 模式、HSB 模式、LAB 颜色模式、位图模式、灰度模式、索引颜色模式、双色调模式和多通道模式。

4. 常用的图像的文件格式

图像格式即图像文件存放的格式。在 Photoshop 中,主要包括固有格式(PSD),应用软件交换格式(EPS、DCS、Filmstrip 等),专有格式(GIF、BMP、PDF、PCX、PDF、PNG 等),主流格式(JPEG、TIFF、SWF 等)和其他格式(Photo CD YCC、WMF 等)。

用户根据工作任务的需要选择合适的图像文件存储格式,以下就是根据图像的不同用途一般会选择的图像文件存储格式。

(1) 用于出版:TIFF、EPS。

(2) 出版物:PDF。

(3) Internet 图像:GIF、JPEG、PNG。

(4) 用于 Photoshop CC 2018:PSD、PDD、TIFF。

8.2 初识 Photoshop CC

Adobe Photoshop,简称 PS,是由 Adobe Systems 开发和发行的图像处理软件。Photoshop 主要用于处理以像素所构成的数字图像。PS 有很多功能,在图像、图形、文字、视频、出版等各方面都有涉及。

2003 年,Adobe Photoshop 8 被更名为 Adobe Photoshop CS。2013 年 7 月,Adobe 公司推出了新版本的 Photoshop CC。在 Photoshop CS6 功能的基础上,Photoshop CC 新增相机防抖动功能、CameraRAW 功能改进、图像提升采样、属性面板改进、Behance 集成等功

能,以及 Creative Cloud,即云功能。目前,Adobe Photoshop CC 2018 为市场上较新的版本。

Adobe 支持 Windows 操作系统、安卓系统与 Mac OS,但 Linux 操作系统用户可以通过使用 Wine 来运行 Photoshop。

1. 主要用途

(1)专业测评:Photoshop 的专长在于图像处理,而不是图形创作。图像处理是对已有的位图图像进行编辑、加工、处理以及为其添加一些特殊效果,其重点在于对图像的处理加工;图形创作软件是按照自己的构思创意,使用矢量图形等来设计图形。

(2)平面设计:平面设计是 Photoshop 应用最为广泛的领域。图书封面、海报等平面印刷品通常都需要通过 Photoshop 软件对图像进行处理。

(3)广告摄影:广告摄影作为一种对视觉要求非常严格的工作,其最终成品往往要经过 Photoshop 的修改才能得到满意的效果。

(4)影像创意:影像创意是 Photoshop 的特长,通过 Photoshop 的处理,可以将不同的对象组合在一起,使图像发生变化。

(5)网页制作:在制作网页时 Photoshop 是必不可少的网页图像处理软件。

(6)后期修饰:在制作建筑效果图包括许多三维场景时,人物与配景包括场景的颜色常常需要在 Photoshop 中增加并调整。

(7)视觉创意:视觉创意与设计是设计艺术的一个分支,此类设计通常没有非常明显的商业目的,但他为广大设计爱好者提供了广阔的设计空间,因此越来越多的设计爱好者开始学习 Photoshop,并进行具有个人特色与风格的视觉创意。

(8)界面设计:界面设计是一个新兴的领域,受到越来越多的软件企业和开发者的重视。

2. Photoshop 的工作界面

启动 Photoshop CC 2018 后,便可进入 Photoshop CC 2018 的工作界面,在它的工作界面中包含标题栏、菜单栏、工具箱、工具属性栏、控制面板、图像编辑窗口和状态栏等内容(实例都是以 Photoshop CC 2018 版本实现的),如图 8-1 所示。

(1)标题栏:位于主窗口顶端,最左边是 Photoshop 标记,右边分别是最小化、最大化和关闭按钮。

(2)菜单栏:菜单栏为整个环境下所有窗口提供菜单控制,包括文件、编辑、图像、图层、文字、选择、滤镜、视图、窗口和帮助等。Photoshop 中通过两种方式执行所有命令,一是菜单,二是快捷键。

(3)工具箱:工具箱中的工具可用于选择、绘画、编辑以及查看图像。拖曳工具箱的标题栏,可移动工具箱;单击可选中工具或移动光标到该工具上,属性栏会显示该工具的属性。有些工具的右下角有一个小三角形符号,这表示在工具位置上存在一个工具组,其中包括若干个相关工具。

(4)工具属性栏(又称为工具选项栏):选中某个工具后,属性栏就会改变成相应工具的属性设置选项,可更改相应的选项。

图 8-1 Photoshop CC 2018 的工作界面

（5）控制面板：可通过"窗口"菜单来显示面板。按 Tab 键，自动隐藏命令面板，属性栏和工具箱；再次按 Tab 键，显示以上组件；按 Shift＋Tab 组合键，隐藏控制面板，保留工具箱。

（6）图像编辑窗口：中间窗口是图像窗口，它是 Photoshop 的主要工作区，用于显示图像文件。图像窗口带有自己的标题栏，提供了打开文件的基本信息，如文件名、缩放比例、颜色模式等。如同时打开两副图像，可通过单击图像窗口进行切换。图像窗口切换可通过按 Ctrl＋Tab 键来完成。

（7）状态栏：主窗口底部是状态栏，由三部分组成。

① 文本行：说明当前所选工具和所进行操作的功能与作用等信息。

② 缩放栏：显示当前图像窗口的显示比例，用户也可在此窗口中输入数值后按 Enter 键来改变显示比例。

③ 预览框：单击右边的黑色三角按钮，打开弹出菜单，选择任一选项，相应的信息就会在预览框中显示。

3. Photoshop 常用工具

实例都是以 Photoshop CC 2018 版本实现的。

（1）移动工具：用于拖曳指定的图像，如图 8-2 所示。

（2）选择工具，如图 8-3 所示。

① 选框工具：用于创建矩形等规则选框。

② 套索工具：用于创建不规则形状的选区。

③ 魔棒工具：用于选择图像中颜色相同或相近的范围。

图 8-2 移动工具

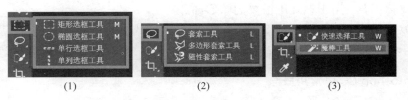

图 8-3　选择工具

（3）裁剪工具：用于对图像进行相应比例的裁剪，如图 8-4 所示。

（4）形状工具：用于绘制图形，如图 8-5 所示。

（5）文字工具：用于创建文字，如图 8-6 所示。

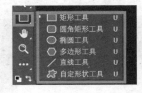

图 8-4　裁剪工具　　　　　图 8-5　形状工具　　　　　图 8-6　文字工具

（6）修复工具：用于快速清除图片中的污点和不理想部分，如图 8-7 所示。

（7）画笔工具：用于绘制边缘较软的线条或图像，如图 8-8 所示。

图 8-7　修复工具　　　　　　　　　　　图 8-8　画笔工具

（8）历史记录画笔工具：用于恢复图像至某一个状态，如图 8-9 所示。

（9）渐变工具：为图像填充渐变颜色，如图 8-10 所示。

图 8-9　历史记录画笔工具　　　　　　图 8-10　渐变工具

（10）其他工具，如图 8-11 所示。

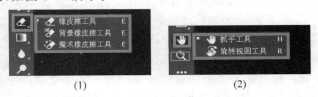

图 8-11　橡皮擦工具、缩放工具、抓手工具

① 橡皮擦工具：用于擦除不需要的图像部分。

② 缩放工具：放大或缩小视图。

③ 抓手工具：用于平移和查看对象。

4. Photoshop CC 中常用概念

1）图层

在 Photoshop 中，可以将一副复杂的图像理解为是由多张透明的、没有厚度的、各包含一个简单图像的"胶片"叠放在一起而组成的。从直观效果上看这些不同层次上的图像通过叠加在一起而达到的最终效果，这些"胶片"就被称为图层。对于某一图层的处理不会影响到其他图层，通过调整层次关系或设置图层样式可以达成图像的特殊效果，如图 8-12 所示。

图 8-12　图层

2）选区

在图像处理过程中，经常通过选择图像区域来完成相关操作，这个被选择的区域就是选区。选择图像的区域后，选区边缘会出现闪烁的虚线。选区操作是各种图像处理的核心，抠图、图像拼接、色彩渲染等都需要先设置好选区，然后对选区进行操作。

Photoshop CC 2018 提供了三种选区工具：选框工具、磁性套索工具、魔棒工具。

（1）选框工具：用于创建形状规则的选区，在工具箱中选择需要的选框工具，将鼠标移动到图像中，在需要获取选区的位置按住鼠标左键拖曳，绘制出一个相应的选区，如图 8-13 所示。

（2）磁性套索工具：用于快速选择与背景对比强烈并且边缘复杂的对象，它可以沿着图像的边缘生成选区。先在图像中创建选区的起点，然后沿着荷花边缘拖曳鼠标，就会有一条带锚点的细线自动吸附到荷花的边缘上，如图 8-14 所示。

（3）魔棒工具：用于创建于图像颜色相近或相同的像素区域，可以选择颜色一致的区域，而不必跟踪其轮廓。较低的容差值使魔棒选取与所点的像素非常相似的颜色，而较高的容差值可以选择更宽的色彩范围；如果选中"只对连续像素取样"选项，则容差范围内的所有相邻像素都被选中，如图 8-15 所示。

(1)   (2)

图 8-13　矩形选区、椭圆选区

图 8-14　用磁性套索工具创建选区

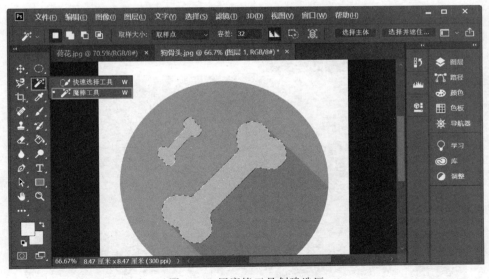

图 8-15　用魔棒工具创建选区

3）滤镜

滤镜是一种特殊的图像效果处理技术，用于丰富照片的图像效果。在 Photoshop CC 2018 中，滤镜广泛应用于纹理制作、图像效果修整、文字效果制作、图像处理等，能够创建各种各样的图像。滤镜的组合能产生出千变万化的图像，主要是通过对图像综合进行移位、色彩和亮度等参数设置，从而使图像显示出所需要的变化效果。

通过滤镜菜单进行选择设置，对整个图层或者通过选区选择特定的区域进行滤镜处理。对小狗脸部进行像素化的马赛克滤镜处理，如图 8-16 所示；对图片进行渲染的电影镜头光晕滤镜处理，如图 8-17 所示；对图片中除小狗以外的区域进行模糊的缩放径向模糊滤镜处理，如图 8-18 所示。

图 8-16　马赛克滤镜

图 8-17　电影镜头光晕滤镜

图 8-18　缩放模糊滤镜

5. Photoshop CC 2018 实例操作

下面以制作个人简历的封面为例进行介绍。使用选框工具和魔棒工具绘制选区,使用羽化选区命令制作选区的羽化效果,使用反选命令和正片叠底制作背景的融合效果,使用矩形工具、渐变工具绘制背景,使用文字工具添加求职信息文字,如图 8-19 所示。

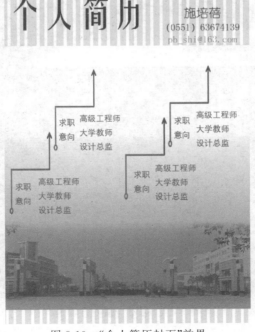

图 8-19　"个人简历封面"效果

（1）启动 Photoshop CC 2018 后，进入 Photoshop CC 2018 的工作界面，新建文件，如图 8-20 所示。

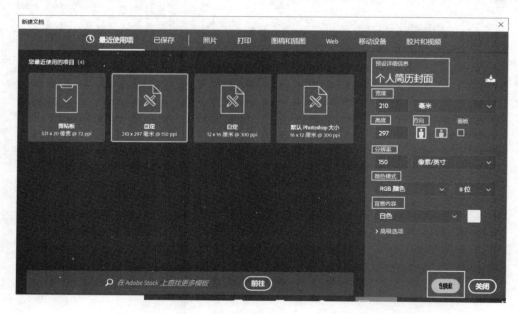

图 8-20　新建文件

（2）调整背景颜色为银白色渐变填充。打开图层面板，选择"创建新的填充或调整图层"→"渐变"命令，在弹出的"渐变填充"对话框中，双击"渐变"右侧的颜色条，弹出"渐变编辑器"对话框，将图片设置成银白色渐变，单击"确定"按钮，如图 8-21 所示。

图 8-21　调整为渐变色背景

（3）绘制矩形。单击工具箱中的"矩形工具"，在其属性栏中，设置填充色为绿色，在图像编辑窗口的顶部绘制一个矩形，再使用 Alt 键复制一个矩形；按 Alt 键再复制一个矩形到图像编辑窗口的底部。

（4）自由变换两个矩形的大小。分别选择矩形所在的图层，选择"编辑"→"自由变换"命令，来调整两个矩形的宽度和高度等，如图 8-22 所示。

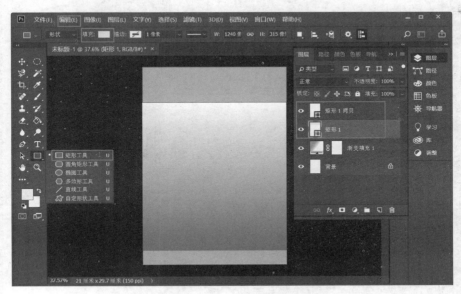

图 8-22　绘制绿色矩形并自由变换

（5）再绘制一个黄色矩形。打开图层面板，选择"背景"图层，再单击工具箱中的"矩形工具"选项，在其属性栏中，设置填充色为黄色，在图像编辑窗口绘制一个黄色矩形，移动该图层至所有图层的最上方，如图 8-23 所示。

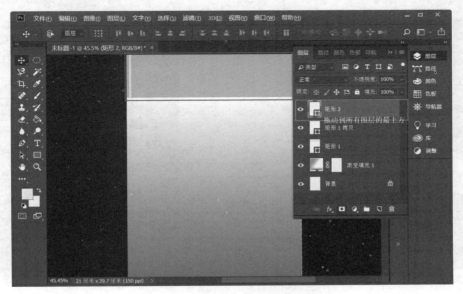

图 8-23　绘制黄色矩形并改变图层次序

（6）复制多个黄色矩形。按 Alt 键再复制黄色矩形，选择多个矩形复制图层，合并，按 Alt 键再复制；再合并多个矩形复制图层，如图 8-24 所示；并修改合并后的图层名称为"矩形 2"。再复制多个黄色矩形至图像编辑窗口的底部，并自由变换其大小，如图 8-25 所示。

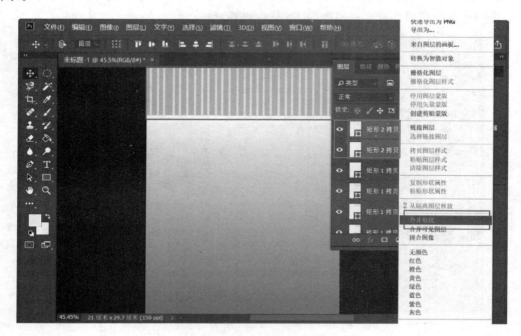

图 8-24　绘制多个黄色矩形并合并

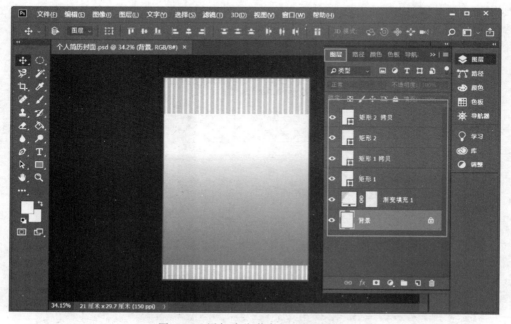

图 8-25　添加多个黄色矩形后的效果

（7）抠图。在 Photoshop CC 2018 中，打开"校门"和"箭头"两张图片。在"校门"图片中，选择"矩形选框工具"并设置其羽化值为 10，将鼠标移动到图像编辑窗口，在需要获取选区的位置按住鼠标左键拖曳，绘制出一个相应的选区，选区边缘会出现闪烁的虚线，如图 8-26 所示。将选区中的图像复制到"个人简历封面"文件窗口中的合适位置，图层面板里出现"图层1"，自由变换其大小，并设置"图层 1"的"不透明度"为"37％"，图层的混合模式为"正片叠底"，如图 8-27 所示。

图 8-26　矩形选区并羽化

图 8-27　设置图层的混合模式

　　在"箭头"图片中,选择"魔棒工具",在图像编辑窗口的白色区域单击鼠标,再选择"编辑"→"反选"命令,会出现一个边缘闪烁的虚线选区,如图 8-28 所示,将选区中的图像复制到"个人简历封面"文件窗口中的合适位置,图层面板里出现"图层 2",自由变换其大小,多次复制"图层 2",并调整图层的次序,如图 8-29 所示。

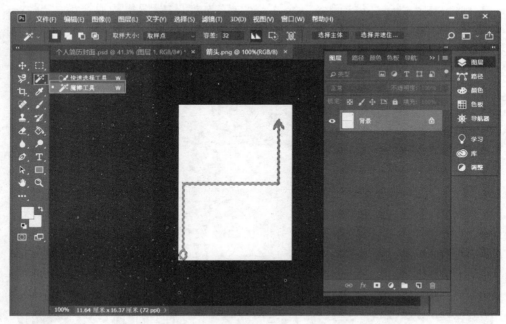

图 8-28　魔棒工具、反向选择

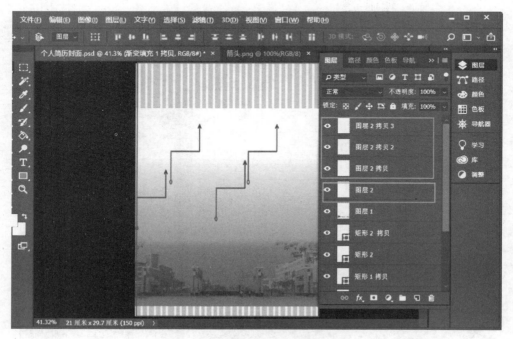

图 8-29　复制"图层 2"后的效果

（8）添加文字。单击工具箱中的"横排文字工具"选项，在其属性栏中，设置文字的字体、字号及颜色等，在图像编辑窗口的合适位置单击，输入文字"个人简历"，按 Ctrl＋Enter 组合键结束文字的输入，并调整文字图层的次序，如图 8-30 所示；类似方法，输入文字"施培蓓""(0551)63674139"以及"求职意向""高级工程师""大学教师""设计总监"，如图 8-31 所示。

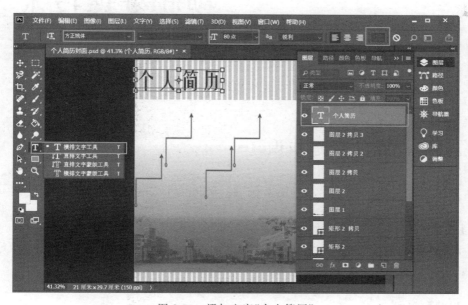

图 8-30　添加文字"个人简历"

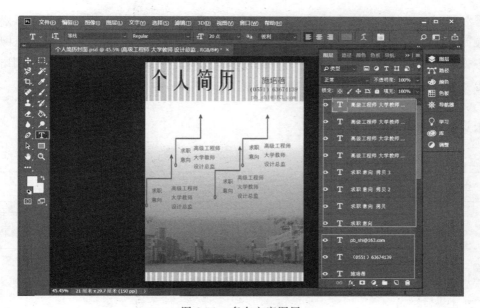

图 8-31　多个文字图层

（9）选择"文件"→"存储为"命令，弹出"另存为"对话框，输入文件名"个人简历封面"，选择保存类型为 PSD，再单击"保存"按钮。

第9章 视频处理技术

9.1 数字视频的基础知识

1．视频的定义

视频泛指将一系列静态影像以电信号的方式加以捕捉、纪录、处理、储存、传送与重现的各种技术。连续的图像变化超过 24 帧每秒时，根据视觉暂留原理，人眼无法辨别单幅的静态画面；看上去是平滑连续的视觉效果，这样连续的画面叫作视频。

2．视频的格式

视频格式可以分为适合本地播放的本地影像视频和适合在网络中播放的网络流媒体影像视频两大类。尽管后者在播放的稳定性和播放画面质量上可能没有前者优秀，但网络流媒体影像视频更具广泛传播性，使之正广泛应用于视频点播、网络演示、远程教育、网络视频广告等互联网信息服务领域。

1）本地影像视频

本地影像视频介绍如表 9-1 所示。

表 9-1　本地影像视频

类　　型	全　　称	基本介绍	优　　点	缺　　点
AVI	Audio Video Interleaved，即音频视频交错格式	可以将视频和音频交织在一起进行同步播放	图像质量好，可以跨多个平台使用	体积过于庞大，压缩标准不统一
MPEG	Moving Picture Experts Group，即运动图像专家组格式	家庭中常看的 VCD、SVCD、DVD 就是这种格式	压缩比高，节省空间	有损压缩

2）网络流媒体影像视频

网络流媒体影像视频介绍如表 9-2 所示。

表 9-2 网络流媒体影像视频

类 型	全 称	基 本 介 绍	优 点	缺 点
ASF	Advanced Streaming Format	可以直接在网上观看视频节目的文件压缩格式	本地或网络回放,多语言支持,环境独立	图像质量差一点
WMV	Windows Media Video	ASF 格式升级延伸	可以边下载边播放	视频传输要延迟十几秒
RM	Real Media	视频流技术的创始者	实现即时播放,体积小,更柔和	容纳度不足

3. 视频处理软件

视频处理软件一般包括视频播放软件和视频编辑制作软件两大类。

1) 视频播放软件

视频播放软件也称为视频播放器,是指能播放以数字信号形式存储的视频的软件,也指具有播放视频功能的电子器件产品。下面介绍四个比较常用的视频播放软件。

(1) 暴风影音是暴风网际公司推出的一款视频播放器,该播放器可兼容大多数的视频和音频格式。

(2) QQ 影音是由腾讯公司最新推出的一款支持任何格式影片和音乐文件的本地播放器。QQ 影音首创轻量级多播放内核技术,深入挖掘和发挥新一代显卡的硬件加速能力,软件追求更小、更快、更流畅的视听享受。

(3) 射手播放器是一款小巧、智能、安全、高性能的开源播放器。

(4) 百度影音是百度公司最新推出的一款全新体验的播放器,支持主流媒体格式的视频、音频文件,实现本地播放和在线点播。

2) 视频编辑制作软件

视频编辑制作软件通过对图片、背景音乐、特效、场景等素材与视频进行重混合,对视频源进行切割、合并,再通过二次编码,生成具有不同表现力的新视频。

视频剪辑软件实现对视频的剪辑,主要有两种方式,一种是通过转换实现,在多媒体领域亦称之为剪辑转换;另一种是直接剪辑,不进行转换。常用的视频编辑制作软件有以下四个软件。

(1) Windows Movie Maker 又称为影音制作,是 Windows Vista 及以上版本附带的一个影视剪辑小软件(Windows XP 带有 Movie Maker)。其操作比较简单,如可以组合镜头和声音,加入镜头切换的特效,只要将镜头片段拖入就行,很适合一些小规模的视频处理。

(2) Adobe Premiere Pro 是目前最流行的视频剪辑软件之一,是强大的数码视频编辑工具,它作为功能强大的多媒体视频、音频编辑软件,应用范围广,制作效果极好,足以协助用户更加高效地工作。Adobe Premiere Pro 以其新的合理化界面和通用高端工具,兼顾了广大视频用户的不同需求,在一个并不昂贵的视频编辑工具箱中,提供了生产能力、控制能力和灵活性。Adobe Premiere Pro 是一个创新的非线性视频编辑应用程序,也是一个功能强大的实时视频和音频编辑工具。

(3)《会声会影》是一款高清视频剪辑、编辑、制作软件,具有灵活易用,编辑步骤清晰明了等特点,提供了从捕获、编辑到分享的一系列功能,拥有上百种视频转场特效、视频滤镜、覆叠效果及标题样式。用户可以充分利用这些功能修饰影片,制作出更加生动的影片效果。

(4)狸窝全能视频转换器是一款目前剪切视频速度最快、最好用的免费视频剪切工具。剪切一个 100MB 大小的视频文件大概只需要 10s,是目前最快的视频剪切工具。它可以对AVI、MP4、FLV、MOV、MPEG、3GP、WMV 等视频格式进行任意时间段的剪切,还支持多个视频文件的合并。

9.2　媒体播放器——暴风影音

《暴风影音》是目前网络上流行最广、使用人数最多的媒体播放器之一。该播放器可以兼容大多数的视频和音频格式,其界面简洁、播放流畅、占用系统资源少;暴风影音具有强大的本地播放能力,可以播放全高清的本地视频,还有丰富的网络播放功能和网络资源,资源更新速度非常快。

1. 播放文件

单击界面左上角的“暴风影音”按钮,展开“文件”菜单,如图 9-1 所示,选择“打开文件”“打开文件夹”“打开 URL”,可以分别打开本地磁盘、网络和光盘上的音频或视频文件。在播放过程中,利用窗口下方的控制按钮,可以实现播放/暂停等功能。

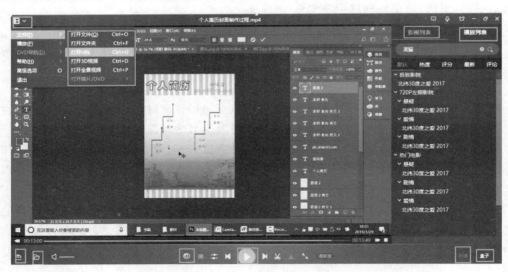

图 9-1　《暴风影音》软件界面

通过左下方的“工具箱”按钮,可以实现画面的连拍、视频转码、下载管理等重要功能,如图 9-2 所示。通过左下方的“左眼”按钮可以实现视频画面的优化功能,如图 9-3 所示。

2. 播放盒子

《暴风影音》除了可以播放本地视频外,还可以播放网络影音。除此之外,通过暴风影音右下角的“盒子”按钮还可以打开其网络视频管理窗口,在其中可以按照分类查找片源,还可

图 9-2 "工具箱"按钮

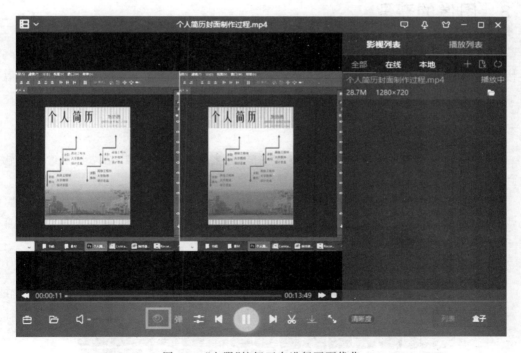

图 9-3 "左眼"按钮正在进行画面优化

以利用搜索功能查找片源,如图 9-4 所示。查找到的视频可以在线播放,也可以下载后在本地播放。

图 9-4　搜索网络视频

9.3　图像的获取

图像数据的获取即图像的输入处理,是指对所要处理的画面的每一个像素进行采样,并且按颜色和灰度进行量化,就可以得到图像的数字化结果。图像的数据一般可以通过以下四个方法获取。

1. 从 Windows 热键抓取屏幕中图像

在 Windows 系列的操作系统中,使用抓图热键来获取屏幕图像,粘贴到图像处理软件如画图软件或者 Word 文档中,都可以实现屏幕图像的截取。

(1) 截取屏幕图像。方法是在键盘上找到 PrintScreen 键,如图 9-5 所示,按下该键,系统就会将截取屏幕画面保存至剪贴板中;打开图像处理软件(如附件中的画图软件),直接按 Ctrl+V 组合键进行粘贴就可以进行编辑处理,如图 9-6 所示。

图 9-5　PrintScreen 键

图 9-6 截取屏幕画面粘贴到画图软件

（2）截取当前活动窗口。只需要屏幕中的一个活动窗口,此时方法是按住 Alt 键,同时按 PrintScreen 键即可,如图 9-7 所示;然后就是粘贴到图像处理软件中了,粘贴保存图片的方法与截取整个屏幕的方法一样,如图 9-8 所示。

图 9-7 Alt＋PrintScreen 组合键

图 9-8 截取活动窗口画面粘贴到画图软件

2．使用扫描仪扫入图像

扫描仪可以将照片、书籍上的文字或者图片扫描下来，将模拟图像转换成数字图像，以图片的形式保存在计算机中。

3．使用绘图软件创建图像

利用 Photoshop、MindManager 等绘图软件可以直接绘制各种图形，并加以编辑，填充颜色，输入文字，从而生成小型、简单的图形画面。

4．从图像素材库中获取图像

随着计算机的广泛普及，目前互联网上的图像越来越多，内容也比较丰富，可以利用图像素材库中的素材进行编辑创作。

9.4　屏幕录制与编辑——Camtasia Studio

1．认识 Camtasia Studio

Camtasia Studio 是一款专门捕捉屏幕影音的工具软件，能在任何颜色模式下轻松地记录屏幕动作，包括影像、音效、鼠标移动的轨迹、解说声音等，可对录制的视频文件进行剪接、添加转场效果等编辑处理，从而生成一个视频文件。

Camtasia Studio 还是一个视频编辑工具，可以将多种格式的图像、视频剪辑连成电影，输出格式是 GIF、AVI、RM、QuickTime 等，并可以将电影文件打包成 EXE 文件。在没有播放器的机器上也可以进行播放，同时还附带一个功能强大的屏幕动画抓取工具，内置一个简单的媒体播放器。

2．Camtasia Studio 工作界面

下面以 Camtasia Studio 8 版本为例简要介绍该软件的功能和使用方法，启动 Camtasia Studio 后，其界面如图 9-9 所示。

3．使用 Camtasia Studio 进行录屏

1）基本操作步骤

使用 Camtasia Studio 8 软件进行录屏的基本过程如图 9-10 所示。

（1）录制视频

单击 Record the screen 按钮，启动录制控制面板，如图 9-11 所示。录制屏幕涉及的内容包括设置录制区域（选择所要录制的范围、全屏或者自定义尺寸，也可以单击右侧的小三角选择固定的比例录制）、设置录制输入（可以设置摄像头的开与关、录制系统的音频、麦克风音频）、设置屏幕等，再单击 rec 按钮就开始屏幕和语音的录制了。

图 9-9　Camtasia Studio 8 界面

图 9-10　Camtasia Studio 录屏时的基本过程

图 9-11　Camtasia Studio 8 录制控制面板

　　停止录制以后,就会出现录制视频预览窗口,如图 9-12 所示。设计内容包括设置
Produce 按钮(如果视频录制成功不需要编辑,单击该按钮直接进入导出界面生成视频文
件);设置 Delete 按钮(如果对录制的视频不满意,单击该按钮可以删除当前的视频);设置
Save and Edit 按钮(可以把录制文件保存成 Camtasia Studio 默认的文件格式.camproj)。

　　(2) 编辑视频

　　单击 Save and Edit 按钮,软件自动进入编辑界面,编辑视频设计的操作包括导入媒体
素材、放置素材与时间轴、调整素材属性、剪辑素材等。

　　(3) 添加效果

　　添加效果设计的主要操作有放大与缩小、转场效果、片头片尾、添加字幕等,如图 9-13
所示。

图 9-12　录制视频预览窗口

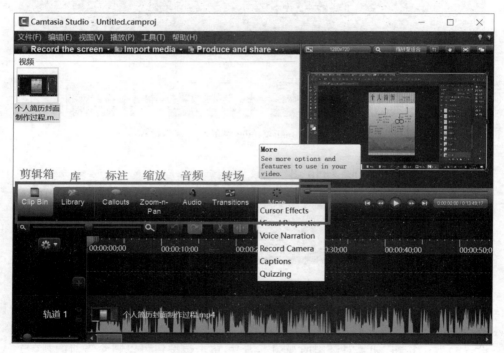

图 9-13　编辑工具

（4）发布视频

单击 Produce and share 按钮，根据需要将视频进行自定义生成设置、生成向导设置、渲染项目等，最后生成特定格式的文件，显示生成结果，如图 9-14、图 9-15、图 9-16 所示。

2）实例操作

使用 Camtasia Studio 软件来制作"校园美景.mp4"视频文件，要求将校园图片添加到轨道上进行效果设置，同时添加注释、转场效果以及片头片尾等效果。

图 9-14 自定义生成设置、生成向导设置

图 9-15 渲染项目

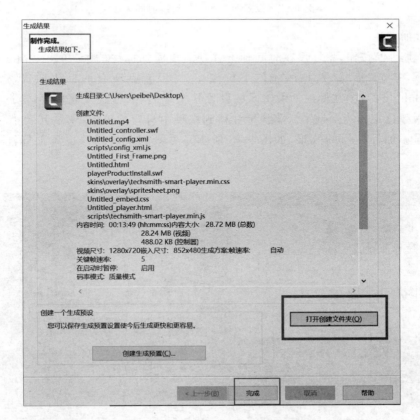

图 9-16 生成完成后,显示生成结果

（1）添加图片，设置效果

将需要显示的图片拖曳到"轨道 1"的轨道轴上；选中轨道上的所有图片，并右击，在弹出的快捷菜单中选择"持续时间"命令，设置所有图片的持续时间为 10s，单击"确定"按钮，如图 9-17 所示。设置每张图片的大小、位置及旋转等信息。

图 9-17　设置所有图片的持续时间为 10s

（2）添加标注

单击"轨道 2"按钮，将标尺在时间轴上移到需要添加标注的帧，单击 Callouts 按钮，打开标注选项，单击"形状"选项区域的下拉按钮，可以看到所有的标注样式，选择其中的 Thought Bubble 标注，在标注的编辑区域设置其文本内容、格式及属性等，至此，该标注就加到录制视频选定的当前帧了。将该标注移到视频中对应的位置，调整其大小、位置，在视频区域查看添加标注后的效果，如图 9-18 所示。再给剩余的图片也添加标注，如图 9-19 所示。

图 9-18　添加标注

图 9-19 所有图片添加标注的效果

（3）添加片头

将标尺在时间轴上移到起始帧，单击 Library 按钮，再右击 Animated Title，在弹出的快捷菜单中选择"添加到时间轴播放"命令，即可添加到"轨道 3"的轨道轴上，如图 9-20 所示。

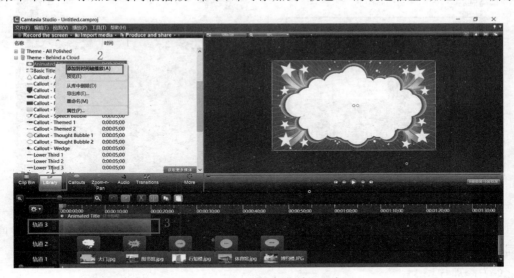

图 9-20 为片头添加背景和文字

在"轨道 3"的轨道轴上单击 Animated Title 左上角的"＋"，打开该编辑组；单击 Text Callout6，在弹出的标注的编辑区域内，编辑片头文本内容为"校园美景"，并设置格式和属性等，如图 9-21 所示，然后单击 Animated Title 左上角的"－"，关闭该编辑组。

再次单击 Library 按钮，右击 Short，在弹出的快捷菜单中选择"添加到时间轴播放"选项，即可将"Piano Lounge-short.mp3"添加到"轨道 4"的轨道轴上，如图 9-22 所示。

图 9-21　编辑片头文字

图 9-22　为片头添加音乐

然后再将鼠标放到 Animated Title 的右侧,鼠标变为⇔,调整其开始时间和持续时间;用同样的方法调整"Piano Lounge-short. mp3"的开始时间和持续时间,如图 9-23 所示。

(4)添加片尾

类似于添加片头的方法,在"轨道 3"的轨道轴上添加片尾 Animated Title,并设置其文本内容为"谢谢欣赏",以及设置格式、属性、开始时间和持续时间等,如图 9-24 所示。

(5)添加转场效果

将时间轴上的标尺移到需要添加转场的帧,单击 Transitions 按钮,打开转场下拉列表,可以看到所有的转场样式,右击其中的"立方体旋转"选项,在弹出的快捷菜单中选择"添加到选定媒体",该转场就加到录制视频选定的当前帧了,改变此"立方体旋转"转场的进度条

图 9-23 设置片头开始时间和持续时间

图 9-24 添加片尾

长度可调整其开始时间和持续时间,如图 9-25 所示;再添加其余的转场效果,如图 9-26 所示。

(6)发布视频

选择"文件"→"项目另存为"命令,弹出"另存为"对话框,保存成 Camtasia Studio 默认的文件格式.camproj,如图 9-27 所示。

单击 Produce and share 按钮,在"生成向导"对话框中选择"MP4 only(up to 720p)"命令,选择项目名称和存放的位置,再渲染项目,最后生成 MP4 格式的文件,如图 9-28 所示。

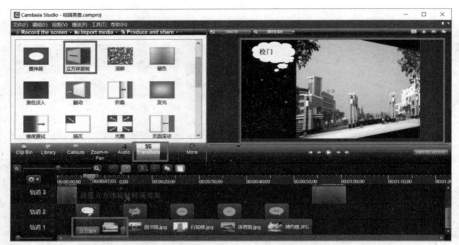

图 9-25 添加转场效果

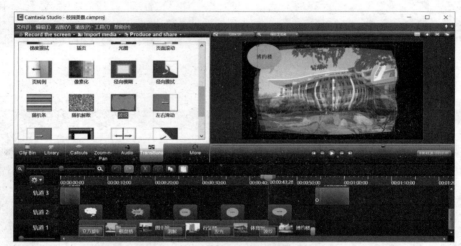

图 9-26 添加其余的转场效果

图 9-27 保存成 Camtasia Studio 默认的文件格式.camproj

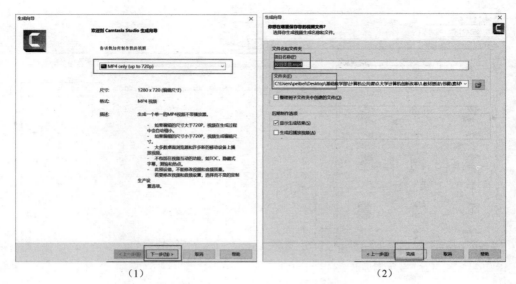

（1） （2）

图 9-28 生成 MP4 格式的视频文件

9.5 视频格式转换——格式工厂

1. 认识格式工厂

格式工厂（Format factory）是一款多功能的多媒体格式转换软件，适用于 Windows 系统，可以实现大多数视频、音频以及不同格式之间的转换。

2. 格式工厂的工作界面

下面以格式工厂 4 版本为例简要介绍该软件的功能和使用方法。启动格式工厂后，将弹出格式工厂主界面窗口，该窗口包含菜单栏、工具栏、折叠面板和转换列表等，如图 9-29 所示。

折叠面板用于选择转换文件格式的种类。

转换列表是添加要转换的文件的一个列表，格式工厂可以完成单个文件的转换，也可以实现多个文件的批量转换。

3. 使用格式工厂进行多媒体格式转换

1）基本操作步骤

使用格式工厂软件进行多媒体格式转换的基本过程如图 9-30 所示。

2）实例操作

使用格式工厂软件来转换视频，将一个视频文件"校园美景.mp4"转换成 AVI 格式，并截取其中的片头和片尾。

（1）打开格式工厂，在左侧的折叠面板中选择"视频"→AVI 命令，在弹出的 AVI 对话框中单击"添加文件"按钮，再选择"校园美景.mp4"选项，再单击"剪辑"按钮，如图 9-31 所示。

图 9-29 格式工厂窗口

图 9-30 使用格式工厂软件进行多媒体格式转换的基本过程

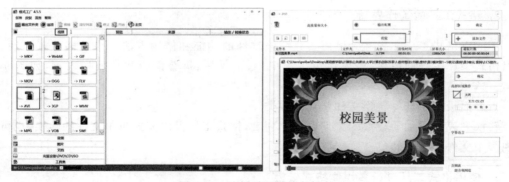

图 9-31 选择需要转换的文件

（2）在弹出的视频播放界面中，根据播放的进度，随时单击开始时间和结束时间，截取片头和片尾两个片段，单击"确定"按钮；再次单击"确定"按钮，回到 AVI 对话框，如图 9-32 所示，单击"确定"按钮。

（3）回到主界面后，单击"开始"按钮，开始截取并转换，稍等片刻，就截取成功选定的时间部分并转成 AVI 格式；再单击"输出文件夹"就可以进入事先设定好的文件夹，找到截取并转换格式的片段，如图 9-33 所示。

图 9-32　截取两个片段

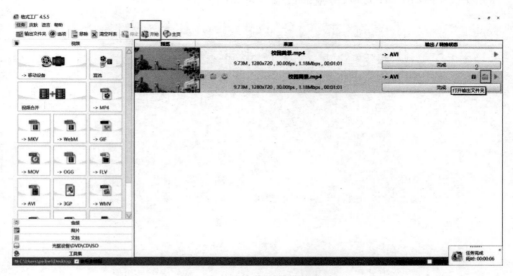

图 9-33　开始截取并转换格式

实训 1　Photoshop 设计海报

1. 实训目的

（1）掌握选区工具的使用方法；
（2）文字工具的使用方法；
（3）自由变换工具的使用方法；
（4）了解滤镜、图层设置方法。

2. 实训任务

使用 Photoshop 设计海报，海报的最终效果如图 9-34 所示。

图 9-34　海报最终效果

（1）新建文件。新建一个 700px×1000px，100PPI 的图像文件，将背景色设置为蓝白渐变。

（2）抠图。利用选框工具和羽化选择"蓝天"图片的部分区域；利用磁性套索工具选择"箭头"图片的部分区域；利用裁剪工具、魔棒工具等选择"校徽"图片的部分区域。

（3）添加文字。使用文字工具添加文字"计算机学院"和"基础教学部"等文字。

（4）设置图层的样式，如图 9-35 所示。

（5）保存图像文件。

图 9-35　图层的样式等效果

实训 2　录制屏幕并编辑生成视频

1. 实训目的

（1）掌握 Camtasia Studio 软件的基本使用方法；

（2）了解 Camtasia Studio 软件录制视频时的属性设置和控制方法；

（3）熟悉 Camtasia Studio 软件视频编辑的基本方法；

（4）了解 Camtasia Studio 软件视频效果的基本设置方法；

（5）掌握 Camtasia Studio 软件生成视频的过程和方法。

2. 实训任务

使用 Camtasia Studio 录屏软件来录制 Photoshop 设计海报的过程。录制时可以配置摄像头和麦克风，对录制的视频片段进行编辑处理，并生成特定格式的视频文件。

（1）启动 Camtasia Studio 软件后，打开录制工具。

（2）设置录制属性，如屏幕大小、音频和视频等，录制过程中可以利用快捷键进行控制。

（3）将录制的视频放置于时间轴上，并对视频进行编辑处理。

（4）添加切换效果、片头和片尾。

（5）生成 MP4 格式的视频文件；使用视频播放器播放生成的 MP4 视频文件，查看效果。

第四部分 计算机网络基础与 Internet应用

学习目标

- 了解信息和信息能力概念；
- 了解计算机网络的概念和组成；
- 了解计算机网络的功能和分类；
- 了解数据通信的一般概念；
- 熟悉局域网的特点、关键技术和体系结构；
- 了解常用网络设备的工作原理及应用；
- 了解网络互联的前沿技术及应用。

信息化时代的人们对资源、信息的共享的需求，推动计算机网络技术的不断发展，给人们的工作、学习、生活和思维方式都带来了巨大的变革。

第 10 章
信息、信息能力和信息素养

人工智能、云计算、大数据等计算机科学技术的发展，正改变着人类传统的工作、学习和生活方式，也推动了信息化在全球的快速进展和社会的进步，这使得信息和信息能力在信息化社会显得尤为重要。

10.1 信息和信息能力

1. 信息

信息作为科学术语最早出现在 R. V. Hartley 于 1928 年撰写的《信息传输》一文中。1948 年，信息的奠基人 C. E. Shannon 在《通信的数学理论》的论文中给出了信息的经典性定义，认为"信息是用来消除随机不确定性的东西"。此后，许多的研究者从自身研究领域的角度出发，给出了信息的其他定义。具有代表性的如控制论创始人 Norbert Wiener 认为"信息是人们在适应外部世界，并使这种适应反作用于外部世界的过程中，同外部世界进行互相交换的内容和名称"和经济学领域专家认为"信息是提供决策的有效数据"。

从科学的角度来讲，信息是对客观世界中各种事物的变化和特征的反映，是客观事物之间相互作用和相互联系的表征。人类通过接受外部信息来认识事物，从这个意义上讲，信息也是一种知识，是人类在认识事物之前不了解的知识。

当今社会，很多人会把信息和数据等同来看，其实是错误的，数据和信息之间是相互联系却又具有不同的意义。数据是反映客观事物属性的记录，是信息的具体表现形式。

2. 信息能力

信息能力是指理解、获取、利用信息及利用信息技术的能力。理解信息即对采集的信息进行分析、评价和决策。具体来说就是分析信息内容和信息来源，鉴别信息质量和评价信息价值，决策信息取舍以及分析信息成本的能力。获取信息就是通过各种途径和方法搜集、查找、提取、记录和存储信息的能力。利用信息即有目的地将信息用于解决实际问题、用于学习和科学研究，通过已知信息挖掘信息的潜在价值和意义并综合运用，以创造新知识的能力。利用信息技术即利用计算机网络以及多媒体等工具搜集信息、处理信息、传递信息、发布信息和表达信息的能力。

10.2　大学生信息素养的基本概述

信息素养是全球信息化背景下需要人们具备的一种基本能力。最早可以追溯至 1974 年，美国信息工程协会主席 Paul Zurkowski 最先提出信息素养的概念，认为有信息素养的人必须能够确定何时需要信息，并且具有检索、评价和有效使用所需信息的能力。1998 年美国图书馆协会和教育传播协会制定了学生学习的信息素养标准评价体系，较为具体地阐述了信息素养的评价标准，即具有信息素养的学生能够有效地和高效地获取信息，熟练地、批判地评价信息，有精确性地和创造性地使用信息；作为一个独立学习者具有信息素养，并能够探求与个人兴趣有关的信息、欣赏作品和其他对信息进行创造性表达的内容、力争在信息查询和知识创新中做到最好；对社会有积极贡献的学生具有信息素养，并能够认识信息对社会的重要性、实行与信息和信息技术相关的符合伦理道德的行为和积极参与小组的活动探求和创建信息。

1）信息技术知识、技能和应用能力

信息知识是信息素养的基础，是有关信息的特点与类型、信息交流和传播的基本规律与方式、信息的功能及效应、信息检索等方面的知识。信息知识不仅可以改变人的知识结构，而且能够激活原有的学科专业知识，使文化知识和专业知识发挥更大的作用。信息能力是信息素养的保证，是信息素养最重要的一个方面。它包括人获取、处理、交流、应用、创造信息的能力等。信息能力教育是要培养和训练人们熟练地应用信息技术，在大量无序的信息中辨别出自己所需的信息，并能根据所掌握的信息知识、信息技能和信息检索工具，迅速有效地获取、利用信息，并创造出新信息的能力。

2）信息意识与价值

信息意识是信息素养的前提，是人对信息的敏感程度的反映，是人对信息敏锐的感受力、持久的注意力和对信息价值的洞察力、判断力等。它决定人们捕捉、判断和利用信息的自觉程度。信息意识包括主体意识、信息获取意识、信息传播意识、信息更新意识、信息安全意识等。

3）信息伦理和道德

信息伦理和道德是信息素养的基本准则，是指人们在组织和利用信息时，要树立正确的法制观念，增强信息安全意识，提高对信息的判断和评价能力，合法合理地使用信息资源。

第11章
计算机网络基础及应用

　　智慧时代重要特征就是数字化、网络化和信息化,它是一个以网络为核心的信息化时代。计算机和通信技术的结合已成为信息化社会发展的重要基础。本单元主要介绍计算机网络、数据通信和 Internet 的基础知识。

11.1　计算机网络的概述

　　计算机网络是指将地理位置不同的,并且具备独立功能的多台计算机和外部设备,通过通信线路连接起来,并在网络操作系统、管理软件和通信协议的管理协调下,实现资源共享、信息传递和分布式处理的计算机系统。

　　计算机网络虽然出现的时间不长,但是其发展的速度是惊人的。计算机网络的发展历程大致可以概括为面向终端联机阶段、资源共享计算机网络阶段、标准化的计算机网络互联阶段以及全球化与高速计算机网络互联阶段。20 世纪 60 年代,美国国防部组建的ARPAnet 是世界上第一个真正意义上的计算机网络,是计算机网络技术发展的一个重要里程碑,并对计算机网络技术的发展作出了巨大的贡献,主要有创建了由资源子网和通信子网组成的两级网络结构模式;采用报文分组交换方式;采用层次结构的网络标准协议。

　　由于计算机网络技术发展的日新月异及其应用的广泛性,越来越多的计算机网络建立和发展,使得计算机的网络的类型也越来越多,其分类与一般事物的分类方法一样,可以从事物所具有的不同性质特点来进行分类。

　　(1) 按照计算机网络的地理范围划分,计算机网络可以分为以下三种类型。

　　① 局域网(Local Area Network,LAN)是最常见和应用最广泛的一种网络,具备覆盖范围小、用户数少、配置简单、连接速率高和可靠性高等特点。在网络的地理距离上一般来说在 10km 以内。目前局域网最快的速率是 10Gb/s 的以太网。IEEE 的 802 标准委员会定义了多种主要的局域网,包括以太网(Ethernet)、令牌环网(Token Ring)、光纤分布式接口网络(FDDI)、异步传输模式网(ATM)以及无线局域网(WLAN)。

　　② 城域网(Metropolitan Area Network,MAN)是指在一个城市,但不在同一地理小区范围内的计算机互联。这种网络的连接距离多在 10～100km,其网络标准为 IEEE 802.6标准。与局域网相比,城域网覆盖范围更广,连接的计算机数量更多。一个城域网网络通常连接着多个局域网。如一个城市中连接政府机构、医院、学校、公司企业的局域网等。

　　③ 广域网(Wide Area Network,WAN)的覆盖范围从几百千米到几千千米,甚至是

全球。

（2）按照网络的传输介质，计算机网络可以分为，有线网采用双绞线、同轴电缆、光纤等物理传输介质进行信号传输的计算机网络；无线网采用蓝牙、红外线、电磁波等作为载体来实现信号传输的计算机网络。

（3）按照网络拓扑结构，计算机网络可分类为：星型、总线型、环型、树型和网状型的计算机网络。

（4）按照网络的数据交换方式，计算机网络可分类为：电路交换网、报文交换网、分组交换网和混合交换网。

（5）按照网络的通信方式，计算机网络可分类为：广播式传输网络和点到点式传输网络。

上面介绍了计算机网络的五种分类方式，其实在现实生活中应用最多的主要还是局域网，因为局域网的计算机数量配置灵活，无论在单位还是在家庭使用起来都非常简便。

计算机网络具备多种多样的功能，其中最重要的功能是资源共享、数据通信和分布式处理。

资源共享：在网用户均可享受的网络中所有的软件、硬件和数据资源。例如，知网可供需要的高校、科研机构、个人等有偿使用；某些音乐提供商可供全网用户有偿使用；也有一些数据资源是免费向全网用户公开的。

数据通信：是计算机网络最基本的功能，可实现不同地域的单位、个人的信息传递。例如，微信、QQ等。

分布式处理：一些大型的综合性问题可以交给不同的计算机同时进行处理，充分并合理地的利用网络资源，扩大计算机的处理能力。

11.2　数据通信的基础知识

数据通信是通信技术和计算机技术相结合而产生的一种新的通信方式，为计算机网络的应用和发展提供了技术支持和可靠的通信环境。要在两地间传输信息必须有传输信道，根据传输媒体的不同，有有线数据通信与无线数据通信之分。但它们都是通过传输信道将数据终端与计算机连接起来，使不同地点的数据终端实现软、硬件和信息资源的共享。

1．数据通信的基本概念

1）信息

信息是对客观事物的反映，可以是对物质的具体属性的描述，也可以是物质与外部的联系。

2）数据

数据是事实或观察的结果，是对客观事物的逻辑归纳，是用于表示客观事物的未经加工的原始素材。数据可分为模拟数据和数字数据两种。模拟数据：在时间和幅度上都是连续的，其取值随时间连续变化。数字数据：在时间上是离散的，在幅值上是经过量化的。一般是由"0"和"1"二进制代码组成的数字序列。

3）信号

信号是数据的电磁编码,是数据的具体表现形式,通信系统中的信号指的是电信号,是随着时间的改变而变化的电压和电流,信号中包含了所要传递的数据。

4）模拟信号和数字信号

模拟信号是指波高和频率是连续变化的信号。在模拟线路上,模拟信号是通过电流和电压的变化进行传输的。数字信号是指离散的信号,如计算机所使用的由"0"和"1"组成的信号。数字信号在通信线路上传输时要借助电信号的状态来表示二进制代码的值。

5）信道

信道是传输信号的通道,包含传输介质和通信设备。常见的信道分类包括有线信道和无线信道;物理信道和逻辑信道;数字信道和模拟信道。

2．数据通信的技术指标

(1) 传输速率:是指信道上信息传输的速度,是数据传输的重要技术指标。一般有两种表示方式:信号速率和调制速率。

(2) 信道带宽:信道中传输的信号在不失真的情况下所占用的频率范围,单位为赫兹。

(3) 信道容量:单位时间内信道上所能传输的最大比特数。

3．数据通信方式

(1) 单工、半双工和全双工;

(2) 同步或者异步;

(3) 串行或者并行。

4．数据通信的数据交换技术

(1) 线路交换技术:也称为电路交换,两台计算机通过通信子网交换数据之前,首先在通信子网中通过交换设备间的线路连接,建立一条实际的物理线路。线路交换方式的特点是在一对主机之间建立起一条专用的数据通路。通信过程包括线路建立、数据传输和线路释放三个过程。

(2) 报文交换技术:报文交换是指网络中的每一个节点(交换设备)先将整个报文完整地接收并存储下来,然后选择合适的链路转发到下一个节点。每个节点都对报文进行存储转发,最终到达目的地。

(3) 分组交换技术:分组交换又称为包交换。在分组交换网中,计算机之间要交换的数据不是作为一个整体进行传输,而是划分成大小相同的许多数据,再分组进行传输,这些分组称为"包"。在分组交换中,根据网络中传输控制协议和传输路径不同,可分为两种方式:数据报文分组交换和虚电路分组交换。

5．数据通信的数据传输技术

(1) 数据编码技术:数字数据的数字信号、数字数据的模拟信号和模拟数据的数字信号发送都必须进行适当的编码。数字数据的数字信号编码主要有不归零制、曼彻斯特和差分曼彻斯便编码;数字数据的模拟信号编码主要有幅移、频移和相移键控法;模拟信号的数字信号编码最常采用的技术是脉冲编码调制（PCM）。

（2）基带传输技术：基带传输是指在通信线路上原封不动地传输由计算机或终端产生的"0"或"1"数字脉冲信号。

（3）多路复用技术：多路复用是指在传输系统中，允许两个或多个数据源共享同一个传输介质，把若干个彼此无关的信号合并为一个在一个共同信道上进行传输。多路复用一般可分为频分多路复用（FDM）、时分多路复用（TDM）、码分多路复用（CDM）和波分多路复用（WDM）。

6. 网络体系结构

网络体系结构是指数据通信系统的整体设计，它为网络硬件、软件、协议、存取控制和拓扑结构等提供标准。目前广泛采用的是国际标准化组织（ISO）在 1979 年提出的开放系统互连（Open System Interconnection，OSI）的参考模型。OSI 参考模型共分为物理层、数据链路层、网络层、传输层、会话层、表示层和应用层七层结构。

（1）物理层：确定与传输媒体的接口有关的一些特性，如机械性（接线器的形状和尺寸、引脚数目和排列等）、电气特性（接口电缆各条线上出现的电压范围）、功能特性（某条线上某一电平出现的意义）和过程特性（不同功能的各种可能事件的出现顺序），用以建立、维护和拆除物理链路连接。简单来说，就是设备之间的物理接口。物理层建立在物理通信介质的基础上，作为系统和通信介质的接口，用于实现数据链路实体间透明的比特流传输。物理层传输协议主要用于控制传输媒体。物理层的主要设备包括中继器、集线器和适配器。

（2）数据链路层：为网络层相邻实体间提供传送数据功能；提供数据流链路控制；检测和校正物理链路的差错。数据链路层在不可靠的物理介质上提供可靠的传输。该层的作用包括物理地址寻址、数据的成帧、流量控制、数据的检错、重发等。在这一层，数据的单位称为帧（frame）。数据链路层主要设备包括二层交换机和网桥。

（3）网络层：在计算机网络中进行通信的两个计算机之间可能会经过很多个数据链路，也可能还要经过很多通信子网。网络层的任务就是选择合适的网间路由和交换节点，确保数据及时传送。实现功能包括：建立和拆除网络连接；路径选择、中继和多路复用；分组、组块和流量控制；差错的检测与恢复。网络层的数据单位称为数据包（packet）。网络层协议代表主要有 IP、IPX、RIP、ARP、RARP 和 OSPF 等。网络层的主要设备为路由器。

（4）传输层：是网络体系结构中最核心的一层，传输层将实际使用的通信子网与高层应用分开。传输层为源主机和目标主机之间提供性能可靠、价格合理的数据传输。传输层协议的代表主要有 TCP、UDP、SPX 等。

（5）会话层：提供不同系统间两个进程建立、维护和结束会话连接的功能。在会话层及以上的高层次中，数据传送的单位统称为报文。会话层不参与具体的传输，它提供包括访问验证和会话管理在内的建立和维护应用之间通信的机制。如服务器验证用户登录便是由会话层完成的。

（6）表示层：处理信息传送中数据表示的问题。表示层将欲交换的数据从适合于某一用户的抽象语法，转换为适合于 OSI 系统内部使用的传送语法，即提供格式化的表示和转换数据服务。数据的压缩、解压缩、加密和解密等工作都由表示层负责。

(7) 应用层：应用层为操作系统或网络应用程序提供访问网络服务的接口。应用层协议的代表主要包括 Telnet、FTP、HTTP、SNMP 等。

11.3 局域网的概述

1. 局域网的概念

局域网是一个通信网络，它连接的是数据通信设备，其组成包括硬件和软件两个部分。所以从硬件角度看一个局域网，它是由通信线缆、网卡、工作站、服务器和其他连接设备的集合体；从软件的角度来看，局域网是由网络操作系统统一指挥，在网络协议的支持下，实现数据通信和资源共享等服务的通信网络。

2. 局域网的基本组成

局域网的组成包括硬件和软件两个部分。其中，硬件部分主要包含计算机设备、网络适配器、网络传输介质和网络互联设备等；软件部分包括网络协议、操作系统和应用软件等。

1) 局域网硬件

(1) 计算机设备：局域网中的计算机设备通常分为服务器和客户端设备。

服务器：也称为伺服器，是提供计算服务的设备。由于服务器需要响应服务请求，并进行处理。因此，一般来说服务器应具备承担服务和保障服务的能力，是整个局域网系统的核心部分，通常可以保证 7 天 24 小时运行。

客户端设备：局域网中使用共享资源和数字通信服务的普通计算机或者工作站，用户通过客户端相应的软件可以向服务器请求提供各类服务，例如邮件、即时通信、打印、视频浏览等。

(2) 网络适配器(Network Adapter)：又称为网络接口网卡或者网络接口板(Network Interface Card)，是计算机与外界局域网之间连接的接口电路板，如图 11-1 所示。

图 11-1 网络适配器

网卡是计算机与局域网之间的通信接口，实现了局域网通信中物理层和介质访问控制层的功能。它完成了计算机与通信线缆之间的物理连接；根据所采用 MAC 介质访问控制协议实现数据帧的封装和拆封，以及差错校验和相应的数据通信管理。

（3）通信传输介质：局域网的常用通信介质主要有双绞线、同轴电缆和光纤，如图 11-2 所示。

双绞线　　　　　　同轴电缆　　　　　　光纤

图 11-2　通信传输介质

双绞线：双绞线是局域网布局中最常用的一种通信传输介质。采用了一对互相绝缘的金属导线互相绞合的方式来抵御一部分外界电磁波干扰。双绞线主要有 1 类、2 类、3 类、4 类、5 类、超 5 类、6 类以及 7 类，目前使用最广泛的为超 5 类双绞线。

同轴电缆：由铜芯和外面包上的一层绝缘材料组成，绝缘材料外面是一层密织的网状圆柱导体，外层导体再覆盖一层保护塑料外套。同轴电缆比双绞线具有更好的屏蔽特性、抗干扰能力和更大的带宽，通常多用于基带传输。目前同轴电缆常用在有线电视系统中，在计算机网络中运用较少，现代的同轴电缆能达到几个兆赫兹的带宽。

光纤：光纤（Fiber Optic Cable）以光脉冲的形式来传输信号，因此材质也以玻璃或有机玻璃为主，由纤维芯、包层和保护套组成。光纤传输的为光信号，因此不受外界电磁信号的干扰，信号的衰减速度很慢，所以信号的传输距离比以上传送电信号的传输介质要远得多，尤其适用于电磁环境恶劣的地方。目前光纤主要用于网络骨干的长途传输、高速局域网等。

（4）网络互连设备：如果需要将多台计算机设备组建为局域网，除了上述的网卡、传输介质外，还需要集线器、交换机和路由器等网络互连设备。

集线器（Hub）：对接收到的信号进行再生整形放大，以扩大网络的传输距离，同时把所有节点集中在以它为中心的节点上。它工作于 OSI 参考模型的物理层。集线器与网卡、网线等传输介质一样，属于局域网中的基础设备，采用 CSMA/CD（带冲突检测的载波监听多路访问技术）介质访问控制机制。

交换机（Switch）：交换机是集线器的换代产品，其作用是将传输介质的线缆汇聚在一起，以实现计算机的连接。但集线器工作在 OSI 参考模型的物理层，而交换机工作在 OSI 参考模型的数据链路层。

路由器（Router）：又称为网关设备（Gateway）是用于连接多个逻辑上分开的网络，是连接 Internet 中各局域网、广域网的设备，它会根据信道的情况自动选择和设定路由，以最佳路径，按前后顺序发送信号。路由器工作在 OSI 参考模型的网络层。

路由器与交换机的区别主要在于以下三点。

工作层次不同。路由器工作在 OSI 参考模型中的网络层，获得更多协议信息，做更智能的转发决策，而交换机工作在 OSI 参考模型的数据链路层，工作原理相对简单。

是否可以分割广播域。传统的交换机可以分割冲突域,不能分割广播域,而路由器可以分割广播域;由交换机连接的网段仍然属于同一广播域,广播数据报会在交换机连接的所有网段上传播,某些情况导致通信拥挤和安全漏洞。连接到路由器上的网段被分配成不同的广播域,所以,广播数据不穿过路由器。虽然三层交换机可以分割广播域,但是子广播域之间不能通信,因为需要路由器。

数据转发。交换机是利用物理地址(即 MAC 地址),确定转发的目的地址;路由器是利用 IP 地址,确定转发的目的地址。

2) 局域网的软件组成

(1) 网络协议:负责保障网络中通信的正常运行。目前局域网网络上常用的网络协议为 TCP/IP。

(2) 网络操作系统:是指具有网络功能的操作系统,主要用于管理网络中的所有资源信息,使网络上的计算机设备能方便地共享资源和享受网络服务。目前常用的网络操作系统为 Windows Server 系列、UNIX 和 Linux 等。

(3) 网络应用软件:为网络用户提供各种服务,例如浏览器、下载资源工具等。

3. 常用局域网

(1) 局域网标准:1980 年 2 月美国电气和电子工程师学会(IEEE)成立了局域网标准委员会,并制定了一系列的局域网标准,目前常用的是以 IEEE 802.3 的以太网和以 IEEE 802.11 的无线局域网。

(2) 以太网(Ethernet):是一种计算机局域网技术。以太网的技术标准为 IEEE 802.3 标准,它规定了包括物理层的连线、电子信号和介质访问层协议的内容。以太网是目前应用最广泛的局域网通信方式,同时也是一种协议。以太网协议定义了一系列软件和硬件标准,从而将不同的计算机设备连接在一起。

(3) 无线局域网(Wireless Local Area Networks,WLAN):是指利用无线电波传输数据,并将设备连接到 Internet、企业网络以及应用程序的一种网络。无线局域网分为有固定基础设施的无线局域网和无固定基础设施的无线局域网自组网络。

11.4 Internet 基础知识

1. IP 地址

IP 地址是指互联网协议地址(Internet Protocol Address,IP Address),IP 地址是 IP 协议提供的一种统一的地址格式,它为 Internet 上的每一个网络和每一台主机分配一个逻辑地址,以此来屏蔽物理地址的差异。

(1) IP 地址格式:IP 地址分为 IPv4 与 IPv6 两种。目前应用的为 IPv4,是一个 32 位的二进制地址,通常被分割为 4 个字节(即 4 个 8 位二进制数)。IP 地址通常用点分十进制表示成"xxx.xxx.xxx.xxx"的形式,其中,"xxx"都是 0~255 的十进制整数。例如,218.22.21.21(中国科学技术大学)。

(2) IP 地址的类型:根据所在网络规模的大小可分为 A、B、C、D、E 五类,其中 A 类、B

类和 C 类三类基本地址，D、E 类作为多播和保留使用，格式如图 11-3 所示。

A	0	网络地址（7 位）	主机地址（8 位）	主机地址（8 位）	主机地址（8 位）
B	10	网络地址（6 位）	网络地址（8 位）	主机地址（8 位）	主机地址（8 位）
C	110	网络地址（5 位）	网络地址（8 位）	网络地址（8 位）	主机地址（8 位）
D、E	多播和保留地址				

图 11-3　IP 地址的分类

（3）子网掩码（Subnet Mask）：又称为网络掩码和地址掩码，其作用是识别子网和判别主机属于哪一种网络。子网掩码不能单独存在，它必须结合 IP 地址一起使用。对于 A 类地址来说，默认的子网掩码是 255.0.0.0；对于 B 类地址来说默认的子网掩码是 255.255.0.0；对于 C 类地址来说默认的子网掩码是 255.255.255.0。

2. 域名系统（Domain Name System，DNS）

为了解决数字形式的 IP 地址难以理解和记忆，Internet 引入了一种字符型的主机命名机制，用来表示主机的 IP 地址，即域名系统。计算机域名系统的命名方法类似于点分十进制的 IP 地址写法，用点号将各级子域名隔开，域名层次次序从右至左，分别为顶级域名、二级域名、三级域名等。典型的域名结构如：主机名.单位名.机构名.国家名。例如，域名 jsjxy.hfnu.edu.cn 表示中国（cn）、教育机构（edu）、合肥师范学院（hfnu）和计算机学院主机（jsjxy）。

11.5　Internet 应用

互联网已经完全渗透进了人类的日常生活，不管是工作，还是学习、娱乐、生活的方方面面。互联网的应用包括：

1. 网络媒体

互联网现在作为一个媒体主要的承载体系，与传统的媒体相比，Internet 的优势在于具有庞大的数据信息资源共享库和通信手段。

2. 网络通信

即时通信是 Internet 应用中不可缺少的功能之一，它可以让相聚几千公里，甚至横跨半个星球的两个人信息及时分享。除了即时通信方式之外，E-mail 等这样的非及时通信也是很关键的，特别是在工作与学习的环境中。

3. 电子商务

电子商务是指在全球各地广泛的商业贸易活动中，在 Internet 开放的网络环境下，基于浏览器/服务器应用方式，买卖双方不谋面地进行各种商贸活动，实现消费者的网上购物、商户之间的网上交易和在线电子支付以及各种商务活动、交易活动、金融活动和相关的综合服务活动的一种新型的商业运营模式。例如淘宝、京东、支付宝等。

4．网络教学

网络教学是在一定教学理论和思想的指导下，应用多媒体和网络技术，通过师、生、媒体等多边、多向互动和对多种媒体教学信息的收集、传输、处理、共享，来实现教学目标的一种教学模式。网络教学打破了传统教学在时空上的局限，在近几年得以迅速，例如 MOOC、超星尔雅、网易云课堂等网络教学平台。

5．文献检索

文献检索是指根据学习和工作的需要获取文献的过程。随着 Internet 的迅速发展，具有检索快、资源丰富等优势的互联网文献检索，成为广大科研人员、学生等具备的一项必备技能。

（1）文献数据库：是指计算机可读的、有组织的相关文献信息的集合。在文献数据库中，文献信息不是以传统的文字，而是将文字用二进制编码的方式表示，按一定的数据结构，有组织地存储在计算机中，从而使计算机能够识别和处理。文献数据库包括中文文献和外文文献数据库两类。其中，常用的中文文献数据库有中国知网（CNKI）、万方数据、维普资讯等，收录主要包括期刊和学位论文等形式的文献资源；常用的外文文献数据库有 IEEE Xplore Digital Library、Springer-Verlag、ACM Digital Library、Web of Science、Engineering Village、Wiley Online Library、Open Access Library 等。

（2）文献检索方法：利用百度学术搜索，可在 Internet 上快速地查找文献资源，还可以按照文献的作者、关键词、出版物、出版时间、语言等内容进行检索，如图 11-4 所示。

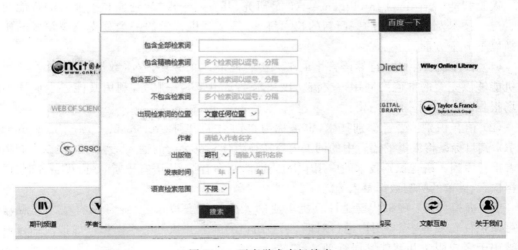

图 11-4 百度学术高级搜索

也可以使用相关专业的文献数据库进行文献检索。例如中国知网,如图 11-5 所示。

图 11-5　中国知网数据库的检索页面

11.6　移动互联前沿技术

移动互联网是将移动通信和互联网二者结合成一体,是指互联网的技术、平台、商业模式和应用与移动通信技术结合并实践的活动的总称。当今人类社会已经步入信息化和大数据时代,移动互联网进入全新发展阶段,技术架构相对稳定,产业逻辑转向新技术储备和精细化运营。移动计算通信芯片、移动操作系统仍是技术创新重点方向,人工智能服务、物联网技术、智能穿戴设备、AR-VR 混合现实、区块链技术、云计算与边缘计算等成为热门发展方向。

1. 人工智能

人工智能(Artificial Intelligence,AI)是研究、开发用于模拟、延伸和扩展人的智能的理论、方法、技术及应用系统的一门新的技术科学,是计算机科学的一个分支。该领域的研究包括以下五个方面。

(1)自然语言生成:自然语言生成是人工智能的一个分支,它将数据转换为文本,使计算机能够以完美的准确度同用户交流。该技术主要用于客户服务,利用其能够生成详细的市场报告。

(2)语音识别:语音识别技术,也被称为自动语音识别(Automatic Speech Recognition,ASR),其目标是将人类的语音中的词汇内容转换为计算机可读的输入,例如按键、二进制编码或者字符序列。语音识别技术的应用十分广泛,包括语音拨号、语音导航、室内设备控制、语音文档检索、简单的听写数据录入等。

(3)虚拟代理:虚拟代理是计算机生成的人工智能虚拟角色(通常具有拟人外观),它们可以担任在线客服,与用户进行对话,回答用户的问题并执行某些操作。虚拟代理目前主要被用于客户服务和智能家居管理。

（4）机器学习平台：机器学习（Machine Learning，ML）是计算机科学的一个分支学科，是人工智能的另一个分支。其目标是开发允许计算机自我学习的技术，通过提供算法、API（应用程序编程接口）、开发和培训工具、大数据、应用程序和其他机器。

（5）网络防御：网络防御是一种计算机网络防御机制，侧重于预防、检测和及时应对基础设施和信息受到的攻击和威胁。人工智能和机器学习正在将网络防御推进到一个新的阶段。递归神经网络能够处理输入序列，可以与机器学习技术相结合，用于创建监督学习技术。监督学习技术能够发现可疑的用户活动，并检测到高达 85% 的网络攻击。

2. 物联网技术

物联网其实是互联网的一个延伸，互联网的终端是计算机。所有程序，无非都是计算机和网络中的数据处理和数据传输。除计算机以外，不涉及任何其他的终端。物联网的本质还是互联网，只不过终端不再是计算机，而是嵌入式计算机系统及其配套的传感器。这是计算机科技发展的必然结果，为人类服务的计算机呈现出各种形态，如穿戴设备、环境监控设备、虚拟现实设备等。

3. 智能穿戴设备

智能穿戴设备是指综合应用穿戴式技术对日常穿戴设备进行移动智能终端，将运用各类传感、识别、连接和云服务等技术综合嵌入到人们的眼镜、运动耳机、手表、手环等日常穿戴的设备中，以实现用户五感能力拓展、生活管家、社交娱乐、人体健康监测等功能。该类设备的外形较为美观时尚且易于佩戴，具备一定的计算能力以及拥有专用的应用程序和功能。

4. AR-VR 混合现实

（1）虚拟现实技术（Virtual Reality，VR）是仿真技术的一个重要方向是仿真技术、计算机图形学人机接口技术、多媒体技术、传感技术、网络技术等多种技术的集合，是一门富有挑战性的前沿学科交叉技术和研究领域。虚拟现实技术主要包括模拟环境、感知、自然技能和传感设备等方面。模拟环境是由计算机生成的、实时动态的三维立体逼真图像。感知是指理想的 VR 应该具有一切人所具有的感知。除计算机图形技术所生成的视觉感知外，还有听觉、触觉、力觉、运动等感知，甚至还包括嗅觉和味觉等，也称为多感知。自然技能是指人的头部转动，眼睛、手势或其他人体行为动作，由计算机处理与参与者的动作相适应的数据，并对用户的输入作出实时响应，并分别反馈到用户的五官。传感设备是指三维交互设备。

（2）增强现实技术（Augmented Reality，AR），是一种可以实时地计算摄影机影像的位置及角度并加上相应图像、视频、三维模型的技术，这种技术的目标是在屏幕上把虚拟世界套在现实世界并进行互动。

（3）混合现实技术（Mixed Reality，MR）是虚拟现实技术的进一步发展，该技术通过在虚拟环境中引入现实场景信息，在虚拟世界、现实世界和用户之间搭起一个交互反馈的信息回路，以增强用户体验的真实感。相较于 VR 和 AR，MR 可以通过对物理空间和虚拟世界交织叠加与融合，产生新的可视化环境。

5. 区块链技术

区块链(Blockchain)是分布式数据存储、点对点传输、共识机制、加密算法等计算机技术的新型应用模式。区块链本质上是一个去中心化的数据库,同时作为比特币的底层技术,它是一串使用密码学方法产生的数据块,每一个数据块中包含了一批次比特币网络交易的信息,用于验证其信息的有效性和生成下一个区块。

6. 云计算与边缘计算

(1)云计算是一种基于互联网的计算方式,通过这种方式,共享的软硬件资源和信息可以按需求提供给计算机各种终端和其他设备。云计算描述了一种基于互联网的新的 IT 服务增加、使用和交付模式,通常涉及利用互联网来提供动态易扩展,如虚拟化的技术。云计算最初的目标是对资源的管理,主要包括计算资源、网络资源、存储资源三个方面。

(2)边缘计算:物联网技术和云服务的快速发展使得云计算模型已经不能很好地解决目前的问题,于是,这里给出一种新型的计算模型,边缘计算。边缘计算是指在网络的边缘处理数据,这样能够减少请求响应时间、提升电池续航能力、减少网络带宽,同时保证数据的安全性和私密性。

实训 文献检索

1. 实训目的

（1）掌握信息检索的方法；
（2）熟悉并使用搜索引擎和相关文献数据库。

2. 实训任务

（1）检索近五年与学生专业相关的学位论文，写出结果总数，检索步骤，任选一篇下载全文；
（2）利用相关文献数据库检索任务（1）中下载全文作者发表的所有期刊论文；
（3）检索学生所在院系近五年授权的所有实用新型专利，并绘制专利授权趋势图。

第**五**部分　拓展程序设计基础

学习目标

- 了解算法的基本概念、表示方法和特性；
- 了解程序设计语言的历史和分类；
- 了解程序设计的基本思想；
- 熟悉计算机程序。

　　计算机科学的核心目标之一是对算法的研究，而算法亦是程序设计的灵魂，具有十分重要的地位。算法注重对问题的描述和问题解决方案的设计，而程序设计是算法的具体体现，不了解算法，程序设计便无从谈起。

第12章

算法与程序设计

12.1 算法

计算机科学研究的核心是对算法的研究。目前,计算机尚不具备独立思维能力,在执行具体任务之前,必须需要一个算法精确地告诉计算机接下来该做什么,怎么做。因此,算法是用于解决"做什么"和"怎么做",算法研究在计算机科学研究中具有十分重要的意义。在本章,将对算法进行介绍,包括算法概述和算法表示。

12.1.1 算法概述

解决问题都是遵循一定的顺序步骤的。例如,一名学生想参加计算机等级考试,首先需要报名,按时参加考试,考试合格后方能拿到证书等。因此,事情的完成都是遵循着一定的顺序进行的,缺一不可,次序错了也不行。这样为了解决某一特定问题的步骤集合,称之为"算法"。

算法研究源自数学学科,远远早于计算机的出现。其目的是利用一组有序指令描述特定类型的问题求解过程。例如,古希腊数学家欧几里得发现的用于计算两个正整数的最大公约数的"欧几里得算法"。随着计算机的出现,算法不再局限于"计算"问题。目前,更注重的是通过计算机解决问题的算法设计。计算机可以解决的问题可分为两大类:数值计算问题和非数值计算问题。计算机的优势是计算能力,数值计算的目的是计算数值的解,例如极限、圆周率的计算等,都属于数值计算范围。非数值计算的应用领域非常广泛,其远远超过了计算机在数值计算领域的应用范围,例如视频图像处理识别、语音识别、智慧医疗等。

在对算法有了初步认识后,下面给出算法的正式定义。J. Glenn Brookshear 给出了一个严谨的正式定义:定义一个可终止过程的一组有序的、无歧义的、可执行的步骤的集合。该定义更加符合计算机算法的本质。计算机欲执行有效算法应该具备以下特性。

(1) 有穷性:算法中的步骤集合应该是有限的,而不能是无限的。有穷性通常是在合理的范围之内,例如,搜索算法需要历时一天才执行结束,虽然是有穷的,但是很明显超出了合理的限度,这样的算法不能视为有效算法。这里的"合理范围"是由实际需求和常识决定的。

(2) 确定性:算法设计的每一个步骤应该是明确的、无歧义性的。算法在执行过程中,具体每一步的执行只需遵照指令执行，不需要创造性的技能。

（3）有零个或者多个输入：输入指在执行算法过程中需要从外界获取必要的信息。例如，计算两个整数 a 和 b 的和，需要输入 a 和 b 的值。当然，也会存在不需要外界输入信息的情况，例如，打印输出"hello world!"时，不需要输入任何信息，就可以打印输出。

（4）有一个或者多个输出：算法执行的目的是为了解决具体问题，意味着需要得到一个"解"，即为输出。

（5）有效性：算法的每一个步骤都应当能有效地被执行，并得到确切的结果。

算法设计是程序设计人员的必修内容，不仅要学习如何设计算法，并且要能够根据算法利用程序设计语言编程实现。

12.1.2 算法的表示方法

1. 自然语言

自然语言是描述问题求解步骤的一种常用的方法之一。然而，这种自然语言描述通常会引起误解，因为每个人对语言的理解能力有限，也或者是因为算法描述中使用的术语拥有多种含义。当用来描述算法步骤的自然语言不能准确地表达的时候，就会产生问题。因此，除了描述简单易懂的问题，通常不采用自然语言进行算法表示。

2. 伪代码

顾名思义伪代码并非正式的程序设计代码，只是一种在算法设计过程中用于描述算法步骤的符号系统。伪代码通过提供一种具备可读性、非形式的方法来对算法步骤进行表示，借助与伪代码表达算法设计者的思想，而不受限制于严格的正式程序设计语言的规则。因此，伪代码具备很强的灵活性，可以随意被修改。

【例 12-1】 空气质量指数级别描述。其中，空气质量指数 0～50 为一级，优；51～100 为二级，良好；101～150 为三级，轻度污染；151～200 为四级，中度污染；201～300 为五级，重度污染；301 以上为六级，严重污染。该问题算法的伪代码表示如下：

```
1   Index input
2   If 0 < Index ≤ 50，输出空气质量等级"一级,优"
3   If 51 ≤ Index ≤ 100，输出空气质量等级"二级,良"
4   If 101 ≤ Index ≤ 150，输出空气质量等级"三级,轻度污染"
5   If 151 ≤ Index ≤ 200，输出空气质量等级"四级,中度污染"
6   If 201 ≤ Index ≤ 300，输出空气质量等级"五级,重度污染"
7   If Index ≥ 301，输出空气质量等级"六级,严重污染"
```

如果空气质量指数等级简化为三个等级，即：空气质量指数 0～50 为一级，优；51～100 为二级，良好；101 以上为三级，污染警告。代码如下：

```
1   Index input
2   If 0 < Index ≤ 50，输出空气质量等级"一级,优"
3   If 51 ≤ Index ≤ 100，输出空气质量等级"二级,良好"
4   If Index ≥ 101，输出空气质量等级"三级,污染警告"
```

3．流程图

流程图算法表示方法是问题求解步骤描述的一种常用的图形工具，由图框和流程线组成。使用流程图描述算法步骤具有形象直观，执行过程清晰，便于阅读等优点。流程图必须按照功能需求选用相应的流程图符号，常用的流程图符号如图 12-1 所示。

图 12-1　常用的流程图符号

（1）起止框：圆角矩形，用于表示算法执行的开始或结束。

（2）输入/输出框：平行四边形，用于说明输入和输出的具体内容。

（3）判断框：菱形，其作用为对条件进行判断，根据条件判断结果选择算法并执行的后续操作走向。

（4）处理框：矩形，代表了程序的处理功能，如计算部分等。

（5）流程线：单向箭头，可以连接不同位置的框图，指明算法执行的具体走向。

通过以上对流程图的讲解，可以对空气质量等级指数简化版使用流程图的方法进行表示，如图 12-2 所示。

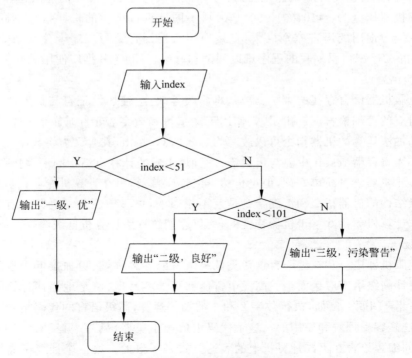

图 12-2　空气质量等级指数算法流程图

12.2　程序设计语言

计算机是根据指令操作数据的设备,具备功能性和可编程性两大特性。功能性是指对数据的操作,表现为数据计算、输入、输出和存储等。可编程序指的是计算机可以根据一系列的指令自动地、准确地完成用户的思路和方法。计算机如何识别和理解用户的操作意图呢?下面将为大家介绍程序设计语言这一人机交互体系,它按照特定的语法规则组织计算机指令,实现计算机能够识别和理解用户意图,完成各种运算处理。

12.2.1　程序设计语言概述

人与人之间的交流需要通过语言,例如肢体语言、手语、中文、英文等。人与计算机之间的交流也需要语言。需要创造一种计算机和人都能识别的交互体系,这就是程序设计语言。程序设计语言是计算机与用户之间的交互体系,它按照特定的语法规则组织计算机指令,使计算机能够识别用户意图,完成相应的运算处理。按照程序设计语言语法规则组织起来的计算机指令的集合称为计算机程序。通常,将程序设计语言称为编程语言。

程序设计语言包括三大类。

1) 机器语言

机器语言是基于二进制的语言,其利用 0 和 1 代码表达指令,是计算机硬件可以直接识别和执行的程序设计语言。这种计算机硬件能够直接识别和执行的二进制代码称为机器指令,机器指令的集合就是计算机的机器语言。例如,执行数字 2 和 3 的加法运算,在 16 位的计算机上的机器指令为:11010010 00111011,不同计算机结构的机器指令不同。显然,机器语言与人类习惯用的语言差别巨大,直接使用机器语言编写程序十分复杂烦琐。同时,0 和 1 组成的二进制代码编写的程序难以阅读和修改,不利于其推广使用。

2) 汇编语言

为了克服机器语言存在的难学、难写、难修改等缺点,使用助记符与机器语言中的指令进行一一对应的汇编语言就产生了,它使用英文字符和数字表示相应的指令,例如,执行数字 2 和 3 的加法运算的机器指令可以改写为 add 2,3,result,其含义为将数字 2 和 3 的加法运算结果存入寄存器 result 中。与机器语言类似,不同的计算机结构的汇编指令也不同,虽然汇编语言比机器语言简单好记,但是仍然难以推广普及,只在计算机专业人员中使用。不同的计算机结构的机器指令和汇编指令是互不相通的,可移植性差。机器语言和汇编语言是直接操作计算机硬件并基于机器特性的,所以它们统称为计算机低级语言。

3) 高级语言

为了克服机器语言和汇编语言这两类低级语言的各种弊端,更加接近于自然语言的计算机程序设计高级语言应运而生。高级语言能够更加容易地、清楚地描述计算问题并利用计算机解决计算问题。例如,执行数字 2 和 3 的加法运算,高级语言的代码指令为:result=2+3,显然这是容易理解和使用的。这个代码不依赖于机器,只与编程语言有关,可移植性非常好,相同编程语言在不同计算机上的表达方式是一致的。第一个计算机高级语言是诞生于 20 世纪 50 年代的 FORTRAN 语言,第一个被广泛应用的计算机高级语言是诞生于

1972 年的 C 语言。随后,经历了 40 多年的发展,产生了 600 多种程序设计高级语言,但是绝大多数的语言由于应用领域的局限性退出了历史舞台。至今仍然被广泛使用的计算机高级语言有:C、C++、C♯、Go、HTML、Java、JavaScript、Python、PHP、SQL 等。相比较与应用领域局限的编程语言来说,通用编程语言的生命力更强。通用编程语言是指能够应用于多领域的编程语言。例如,Python 语言是典型的通用编程语言,可以应用于各种类型的场合。

虽然高级编程语言是一种接近于自然语言的计算机程序设计语言,但是计算机并不能直接识别高级语言程序,需要进行"翻译"。高级编程语言按照计算机执行方法的不同可以分为两类:静态语言和脚本语言。计算机执行方式指的是计算机执行一个程序的过程,静态语言执行方式为编译执行,脚本语言执行方式为解释执行。

（1）编译执行

将源代码转换成目标代码的过程即为编译,通常情况,源代码为高级语言的代码指令,目标代码为机器语言的代码指令,执行编译转换的计算机程序称为编译器。如图 12-3 展示了高级语言程序的编译和执行的过程。其中,编译器将高级语言源代码编译成机器语言目标代码,用户可以根据需要输入数据,计算机可以直接运行或者稍后运行目标代码得到输出结果,虚线代码目标代码被计算机所执行。

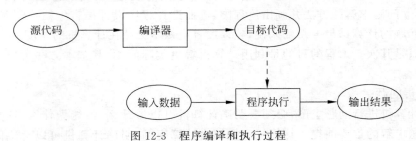

图 12-3　程序编译和执行过程

（2）解释执行

源代码被逐条转换成目标代码并且同时逐条运行目标代码的过程称为解释执行。执行解释转换的计算机程序称为解释器。如图 12-4 展示了高级语言程序的解释执行过程。其中,高级语言源代码与数据一同输入给解释器,然后直接运行输出结果。

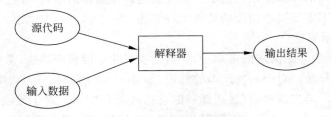

图 12-4　程序编译和执行过程

解释和编译二者之间的区别在于编译执行过程是一次性的翻译,一旦高级语言程序被编译,就不再需要编译源代码。解释执行在每一次程序运行时都需要解释器和源代码的参与。编译执行过程只进行一次,所以编译过程的速度并不是关键,目标代码的运行速度才是关键所在。因此,编译器通常会集成尽可能多的优化技术,使生成的目标代码具备更好的执行效率。然而,解释器却不能集成过多的优化技术,因为过多的优化技术会消耗运行时间,反而使整个程序的执行过程受到影响。

编译和解释执行方式不同,导致其使用的优势和侧重点也不同。采用编译执行方法的好处在于源代码相同时产生的目标代码执行速度更快以及目标代码不需要编译器就可运行,在同类型的操作系统上使用灵活。而采用解释执行方式时需要解释执行方式和源代码,程序调试维护方便,可移植性好。

当前采用编译执行方式的静态语言主要有 C、Java 等;采用解释执行方式的脚本语言主要有 JavaScript、PHP 等。除此之外,Python 语言是一种虽然采用解释执行方式的高级通用脚本编程语言,但是其解释器也保留了编译器的部分功能,随着程序运行,解释器也会生出一个完成的目标代码。Python 语言能够将编译器和解释器结合的新解释器是脚本语言在提升计算性能方面的一大改进。

12.2.2　程序设计的基本方法

程序设计过程体现了一种抽象交互关系、形式化表达执行的思维模式,是区别于以数学为代表的逻辑思维和以物理为代表的实证思维的第三种思维模式,称为“计算思维”。程序设计也称为编程,是一个求解问题的过程,首先需要分析问题,明确问题,抽象内容之间的交互关系,确立问题求解的方法并画出流程图,进而选择程序设计语言编写代码和调试代码,最终得到问题的计算结果。总的来说,建议读者应该学会站在计算机的角度去分析问题,语言的选择只是其次。编程的目的是利用计算机解决实际问题,其基本方法可以概括为以下五个部分。

1) 分析问题

利用计算机进行问题求解,必须要明确计算机可以做什么,不能做什么,这是利用计算机进行问题求解的重要前提。计算机只能解决计算问题,明确计算机可以解决问题的计算部分十分重要,因为对与计算部分的不同理解会产生不同的程序解决方案,也将产生出不同功能和复杂度的程序。

然后,需要进一步划分问题的功能边界,计算机只能完成确定性的计算功能,因此在明确问题和分析问题计算部分的基础上,需要精确定义和描述问题的功能边界,即明确问题的输入、输出和对处理的相应要求。这里只需要明确程序整体的输入、输出以及输入输出之间的总体功能关系,不需要关心功能的具体实现方法。

2) 设计和表示算法

在明确了具体的问题需求的基础上,如何去实现相应的程序功能,需要设计问题的求解思路,即设计求解算法。对于一些简单的程序,如 2 和 3 两数加法运算,输入和输出之间的关系非常直观,程序结构简单,直接选择和确立算法流程即可。对于复杂的程序功能实现,往往需要将问题进行划分,将“大问题”划分为“小功能”,逐级设计实现。在确立算法的基础上,需要将算法流程表示出来。

3) 程序编写

明确了具体问题求解,确立了求解算法以后,选择一门程序设计语言,将程序设计结构和算法设计利用程序设计语言进行翻译实现。对于程序设计语言不是最主要的,任何通用程序设计语言都可用于解决计算问题,在正确性上没有区别。但是,不同的程序设计语言在程序的运算性能、可读性、可维护性、可移植性、开发周期和调试等方面有很大不同。下面将采用 Python 进行程序设计应用举例。与 C 相比,Python 在运算性能上略有差距,对于要求十分苛刻的特殊计算任务并不太适合,但是用 Python 编写的程序在可读性、可维护性和开发周期等方面具有巨大的优势。尤其在计算机硬件性能大幅提升以后,其性能远远超过一般程序的开发需求,这使 Python 在运算性能方面的劣势显得微不足道。

4)调试测试

程序编写完成之后,需要经过严格调试和测试程序检验。运行程序,通过单元测试和集成测试评估程序运行结果的正确性。通常,程序错误与程序的规模是成正比的。错误在程序编写过程中是不可避免的,即使是经验丰富的程序员也不能保证编写的程序没有错误。

当程序可以正确运行以后,并不能说明程序没有错误了,可以采用更多的测试例子发现程序在各种情况下的验证结果,例如,安全性测试可以发现程序漏洞,界定程序安全边界;压力测试可以获得程序运行速度的最大值和稳定运行的性能边界,多重测试手段可以帮助程序的使用。

5)升级改造

不管是简单的小程序还是功能复杂的大型程序,都有它的使命周期。在周期结束之前,往往都需要经历功能需求、计算需求和应用需求等方面的不断变化,程序也将不断的升级维护,从而适应这些变化。例如,聊天程序会随着功能的增加发布新的版本。

12.2.3 Python 程序设计应用举例

Python 诞生于 1990 年,由 Guido van Rossum 设计并领导开发完成。Python 的诞生可以说是一个偶然事件,1989 年 12 月,Guido 考虑启动一个开发项目以打发圣诞节前后的时间,所以决定为当时正在构思的一个新的脚本语言写一个解释器。次年 Python 诞生了,Python 的命名源于 Guido 对当时一部英剧 *Monty Python's Flying Circus* 的极大兴趣。正是这样的一个偶然,使得 Python 这样一个优秀的程序设计语言成为了计算机技术发展过程中的一件大事。

Python 是开源生态的优秀代表,其解释器的所有代码都是开源的,可以在 Python 的官方网站上下载获取。目前,Python 主要分为 Python 2.x 和 Python 3.x 两个系列。

2000 年 10 月,Python 2.0 的正式发布,标志着 Python 进入广泛应用的新时代。2010 年,Python 2.x 系列发布了最后一个版本,其主版本号为 2.7,用于终结该系列版本的发展。2018年 3 月,该语言作者宣布 Python 2.7 将于 2020 年 1 月 1 日终止支持,也宣告了 Python 2.x 系列版本的结束。

2008 年 12 月,Python 3.0 正式发布,该系列版本在语法层面和解释器内部均做了许多重大改进,其中,解释器内部采用了完全面向对象的方式实现,这也导致了该系列版本无法向下兼容 Python 2.x 系列的既有语法。Python 2.x 和 Python 3.x 版本差异可参考官方使用手册,本书不再赘述。本书中的 Python 编程示例采用 Python 3.6 设计实现。

【例 12-2】 编程语言入门程序"Hello World!"。

该程序在 Python 的运行环境中的执行效果如下:

```
1  >>> print("Hello World!")
2  Hello World!
```

这里,第一行的">>>"符号是 Python 运行环境的提示符,表示可以在此符号后面输入
Python 代码语句。该句代码中,print()函数表示的含义为将括号中引号内的信息打印输出
至屏幕上。

第二行是程序执行输出结果。

运行最简单的入门程序"Hello World!"是初学者接触程序设计语言编程的第一步,也
几乎是学习程序设计语言的一个惯例。其他语言的入门程序设计并不和 Python 一样,例
如 C 语言编程实现:

```
1    # include < stdio. h >
2    int main(void)
3    {
4        printf("Hello World!\n");
5        return 0;
6    }
```

C 语言程序要想在屏幕上打印输出"Hello World!",除了使用 printf()函数外,还包含
了主函数、头文件等其他辅助元素。通过对比不难发现,Python 的代码数量仅为 C 语言的
1/10~1/5,其具备其他语言无法比拟的简洁性等优点,主要特点如下。

(1)语言简洁:在实现相同功能的情况下,Python 的代码数量仅仅相当于其他语言的
1/10~1/5。

(2)可移植性强:Python 是脚本语言,其可以在任何安装解释器的计算机环境中执行。

(3)扩展性:Python 具有优异的扩展性,主要体现在其可以集成 C、C++、Java 等语言
编写的代码,通过接口和函数库等方式将多种语言整合。

(4)开源:Python 的解释器和函数库均为开源获取,这对无数的高级程序员具有极大
的吸引力。

(5)通用灵活:Python 是通用编程语言,可用于编写各个领域的应用程序,诸如科学计
算、人工智能、图像处理等,Python 均发挥着重要作用。

(6)强制可读:Python 通过强制缩进来体现语句之间的逻辑关系,显著提高了程序的
可读性,进而增加了 Python 程序的可维护性。

(7)支持中文:Python 3.0 解释器采用 UTF-8 编码表达所有的字符信息。UTF-8 编
码可以表示英文、中文、法文等各类语言形式。

(8)丰富的内置函数库和编程模式:Python 解释器提供了几百个内置类和函数库,此
外,世界各地程序设计人员通过开源社区贡献了十几万个第三方函数库,几乎涵盖了计算机
技术应用的各个领域,使 Python 具备良好的开源生态。另外 Python 同时支持面向过程和
面向对象两种编程方式,为编程人员提供了灵活的编程模式。

【例 12-3】 两数加法计算。

```
1  >>> a = 1              # a 的数值为 1
2  >>> b = 2              # b 的数值为 2
3  >>> print(a + b)       # 打印输出 a + b 的值
4  3
```

【例 12-4】　根据给定的圆半径，计算圆面积。

```
1  >>> radius = 5                          #圆的半径值为 5
2  >>> s = 3.14159 * radius * radius       #圆面积 s 计算公式，* 为乘法计算
3  >>> print(s)
4  78.53975
```

上述两个实例通过命令行启动交互式 Python 运行环境，执行过程如图 12-5 所示。

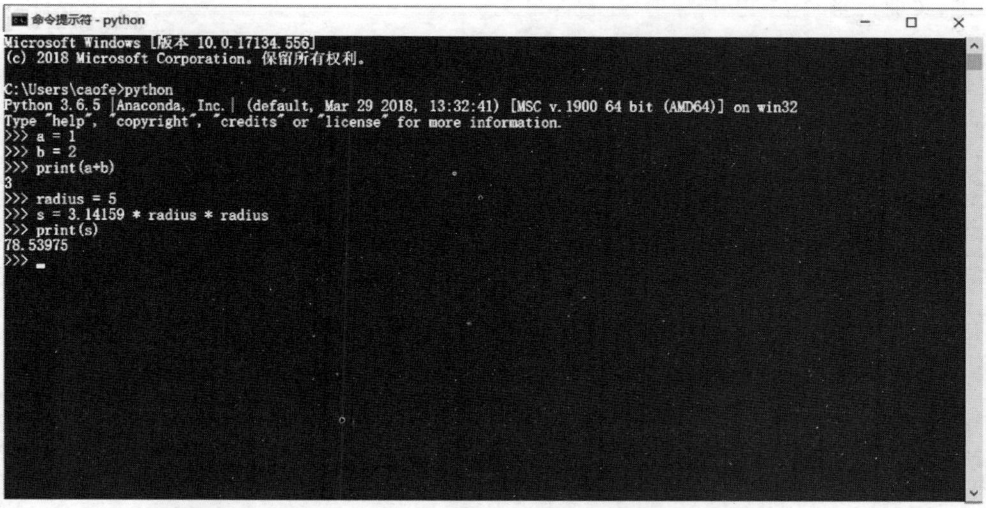

图 12-5　通过命令行启动交互式 Python 运行环境

运行 Python 程序有两种方式：交互式和文件式。由于篇幅限制，本书只简单介绍交互式方式，交互式指 Python 解释器即时响应用户输入的每一条代码，并给出输出结果。交互式有两种启动和运行方法。

第一种方法，启动 Windows 操作系统命令行工具，在控制台中输入 Python，在命令提示符>>>后输入相应的程序代码，按 Enter 键显示输出结果，如图 12-5 所示。运行后，在>>>提示符后输入 exit()或者 quit()即可退出 Python 运行环境。

第二种方法，通过调用安装 Python 解释器的 IDLE 来启动 Python 运行环境。IDLE 是 Python 的集成开发环境。

实训 1　算法表示

1．实训目的

（1）掌握伪代码的算法表示方法；

（2）掌握流程图的算法表示方法。

2．实训任务

设计一个算法，计算自然常数 $e = \lim\limits_{x \to \infty}\left(1 + \dfrac{1}{x}\right)^{x}$，利用伪代码和流程图的方法进行描述。

实训 2　Python 程序设计

1. 实训目的

（1）掌握程序设计的基本方法；
（2）熟悉 Python 程序设计语言。

2. 实训任务

（1）利用 Python 编写程序，打印输出个人学号、专业、班级和姓名信息。

（2）利用 Python 编写程序，计算自然常数 $e=\lim\limits_{x \to \infty}\left(1+\dfrac{1}{x}\right)^{x}$。

图 书 资 源 支 持

感谢您一直以来对清华版图书的支持和爱护。为了配合本书的使用，本书提供配套的资源，有需求的读者请扫描下方的"书圈"微信公众号二维码，在图书专区下载，也可以拨打电话或发送电子邮件咨询。

如果您在使用本书的过程中遇到了什么问题，或者有相关图书出版计划，也请您发邮件告诉我们，以便我们更好地为您服务。

我们的联系方式：

地　　　址：北京市海淀区双清路学研大厦 A 座 714

邮　　　编：100084

电　　　话：010-83470236　　010-83470237

客服邮箱：2301891038@qq.com

QQ：2301891038（请写明您的单位和姓名）

资源下载： 关注公众号"书圈"下载配套资源。

资源下载、样书申请

书 圈

获取最新书目

观看课程直播